高职高专电子信息类"十三五"规划教材

信息技术基础+Office 2010 高效办公教程

主　编　商蕾杰　李　娜　杨　硕

副主编　徐艳宏　赵洪涛　赵娟娟

　　　　曹会云　任光欣　周月芝

　　　　吴　丽　李亚敏　李淑芳

主　审　辛惠娟　顾爱华

U0351513

西安电子科技大学出版社

内 容 简 介

本书采用"任务驱动"的教学模式,以"教、学、做"一体的教学方法来设计。本书设计了 6 个单元(19 个具体工作任务和 14 个拓展任务),包括:Windows 7 操作系统应用,Word 2010 公司常用文档制作,职业生涯规划文档制作,Excel 2010 电子表格制作技术,PowerPoint 2010 演示文稿制作技术,计算机网络技术。在每个单元的任务中包括任务描述、作品展示、任务要点、任务实施等内容。书后还附有信息技术基础、计算机系统基本知识以及计算机网络基础知识,做到了理实一体。

本书适用于普通高校、职业院校、成人教育的"计算机应用基础""信息技术基础""办公自动化实用技术"等课程的教学,也可用于计算机基础用户的实战学习,还可作为全国计算机等级考试一级的培训教材。

图书在版编目(CIP)数据

信息技术基础+Office 2010 高效办公教程 / 商蕾杰,李娜,杨硕主编. —西安:西安电子科技大学出版社,2018.7
ISBN 978−7−5606−4974−0

Ⅰ. ① 信… Ⅱ. ① 商… ② 李… ③ 杨… Ⅲ. ① 电子计算机—教材 ② 办公自动化—应用软件—教材 Ⅳ. ① TP3

中国版本图书馆 CIP 数据核字(2018)第 150993 号

策划编辑 刘玉芳
责任编辑 刘玉芳
出版发行 西安电子科技大学出版社(西安市太白南路 2 号)
电 话 (029)88242885 88201467 邮 编 710071
网 址 www.xduph.com 电子邮箱 xdupfxb001@163.com
经 销 新华书店
印刷单位 陕西天意印务有限责任公司
版 次 2018 年 7 月第 1 版 2018 年 7 月第 1 次印刷
开 本 787 毫米×1092 毫米 1/16 印 张 13.5
字 数 316 千字
印 数 1~3000 册
定 价 28.00 元
ISBN 978−7−5606−4974−0 / TP
XDUP 5276001−1
如有印装问题可调换

前　言

　　把学生培养成高技能的应用型人才是我们的人才培养目标。本书充分体现职业教育特色，以职业能力培养为重点，与行业企业公司合作进行了教材开发设计，从实际应用出发，按照任务驱动教学模式来设计，突出本书的职业性、实践性和开放性。

　　本书选用当前最普及的 Windows 7 操作系统及办公自动化软件 Microsoft Office 2010。以某汽车公司为例，设计了六大单元：单元 1 Windows 7 操作系统应用；单元 2 Word 2010 公司常用文档制作；单元 3 职业生涯规划文档制作；单元 4 Excel 2010 电子表格制作技术；单元 5 PowerPoint 2010 演示文稿制作；单元 6 计算机网络技术。在每个单元中，设置若干个具体的工作任务，每个任务都包括任务描述、作品展示、任务要点、任务实施等内容。为了提高学生解决实际问题的能力和知识迁移能力，在具体工作任务后面还设计了拓展任务。此外，书后还附有信息技术基础、计算机系统基本知识和计算机网络基础知识，以提高学生的理论水平，真正做到了理实一体。

　　本书由具有多年教学工作经验的一线教师和企业合作编写。为方便教师辅导和学生练习，本书的每个任务都配备了素材、源文件和最终文件等丰富的教学资源，可与西安电子科技大学出版社联系索取。

　　本书的单元 1 由赵洪涛老师编写；单元 2 的任务 1～3、拓展任务 1～3 由曹会云老师编写；单元 2 的任务 4～5、拓展任务 4、单元 3、单元 4 的任务 1～4、拓展任务 1～2 由商蕾杰老师编写；单元 4 的拓展任务 3 由周月芝老师编写；单元 5 由李娜老师编写；单元 6 由杨硕老师编写；信息技术基础知识部分由任光欣老师编写，另外，徐艳宏、赵娟娟、吴丽、李亚敏、李淑芳五位老师也参与了本书的编写。全书由辛惠娟、顾爱华两位老师主审。

　　由于时间仓促，编者水平有限，书中疏漏或不当之处敬请批评指正。

编　者

2018 年 4 月

目　录

单元 1　Windows 7 操作系统应用

Windows 7 是微软公司推出的电脑操作系统，供个人、家庭及商业使用，一般安装于笔记本电脑、平板电脑、多媒体中心等，具有易用、简单、安全以及更好连接等特点。

⇨ 情景导入

某汽车股份有限公司内部统一使用 Windows 7 操作系统。该系统不仅在安全性、稳定性方面有所加强，在用户的工作及网络使用等方面也达到了新高度。Windows 7 旗舰版的操作系统在业务功能上结合了显著的易用特性，使用起来更灵活、易上手，使公司员工在工作过程中更加得心应手。

⇨ 学习要点

> ➤ 能正确启动与退出 Windows 7 操作系统。
> ➤ 学会管理桌面对象。
> ➤ 能够规范操作窗口与菜单。
> ➤ 学会设置个性化系统。
> ➤ 学会管理帐户。
> ➤ 学会使用常用附件。
> ➤ 能熟练地进行文件及文件夹的管理与操作。
> ➤ 学会安全使用文件或文件夹。

任务 1　Windows 7 操作系统的管理与应用

⇨ 任务描述

某汽车股份有限公司员工通过 Windows 7 操作系统对公司信息资源进行管理，逐渐熟悉该操作系统的工作环境，并掌握常用设置的操作。通过这部分内容的学习，能够了解 Windows 7 操作系统的特点，结合它的特点应用到工作中可提高工作效率。

⇨ 作品展示

Windows 7 操作系统桌面如图 1-1 所示。

图 1-1　Windows 7 操作系统桌面

⇨ 任务要点

> ➢ 操作系统的启动与退出。
> ➢ 体验 Windows 7 操作系统环境。
> ➢ 设置操作系统的外观。
> ➢ 设置个性化系统。
> ➢ 设置操作系统对帐户的管理。

⇨ 任务实施

1. 启动 Windows 7 操作系统

(1) 接通电源，打开显示器开关，按下主机电源按钮，计算机进行系统自检，进入启动阶段。

(2) 屏幕显示登录界面，进入登录窗口。

(3) 选择一个登录帐户，系统提示输入密码。输入正确的密码，即可进入桌面。

2. 认识系统桌面

系统启动完成后所显示的屏幕即为桌面，如图 1-1 所示。用户可以在桌面上存放经常使用的程序、文档或为它们创建桌面快捷方式。

1) 图标及图标操作

排列在桌面左端的带有文字标识的小图像称为图标。它可以代表一个应用程序、一个文件或文件夹，也可以代表一个文档或设备等。

用鼠标左键单击某一文件夹图标时，该图标及它的说明文字的颜色改变，表示此图标被选中。鼠标左键快速双击该文件夹，则文件夹被打开。

2) 任务栏

在桌面底部有一个重要的组成部分，称为任务栏。

(1) 任务栏最左面是"开始"按钮，可实现启动程序、打开文档、帮助、搜索等功能。

(2) "开始"按钮右侧是快速启动工具栏，直接单击某个图标，可快速启动应用程序，一般包含浏览网页或桌面的功能按钮。

(3) 中间是"任务按钮"栏，它显示了当前运行的程序，通过此栏可以快速切换应用程序。

(4) 任务栏的最右边是指示区，显示系统时间、输入法指示器等按钮。

3. 认识 Windows 7 操作系统的窗口

1) 窗口的组成

Windows 7 操作系统实例窗口如图 1-2 所示。

图 1-2　Windows 7 操作系统实例窗口

(1) 标题栏：位于窗口顶端，由左侧的控制菜单图标、窗口的标题和右侧的最小化、还原或最大化、关闭按钮等组成。

(2) 地址栏：类似网页中的地址栏，用于显示和输入当前窗口的地址。

(3) 标准按钮：包括【前进】按钮 🔵 和【后退】按钮 🔵。

(4) 导航窗格：窗口中划分出的一部分，位于窗口的左侧，在导航窗格中会显示一部分辅助信息，如提供了文件夹列表，可以方便迅速定位所需的目标。

(5) 窗口控制按钮：包括【最小化】按钮 🔳、【最大化】按钮 🔳 和【关闭】按钮 🔳。

(6) 搜索栏：使用该功能搜索，能够快速地找到计算机上的对象。

(7) 详细信息窗格：用于显示当前操作的状态以及信息提示，或者显示选定对象的详细信息。

(8) 窗口主体：用于显示地址栏中关键字的内容。

2) 移动窗口

打开桌面上的"计算机"，鼠标移至该窗口标题栏空白处，按下鼠标左键并拖动窗口到桌面的任意位置，释放左键即移动了窗口。

3) 改变窗口的大小

打开"计算机"窗口,将鼠标移动到窗口的任一边缘上,当指针变成"↕""↖""↗" "↔"四种状态时,按下鼠标左键,并拖动到所需的位置,释放左键即可。

4) 排列窗口(窗口需处于非最大化状态)

当打开多个窗口且需要处于全部显示状态时可进行窗口排列。下面以"堆叠显示窗口"为例:

(1) 右击任务栏空白处,在弹出的快捷菜单中选择"堆叠显示窗口"命令,如图 1-3 所示。

(2) 显示堆叠窗口效果,排列窗口操作完成。

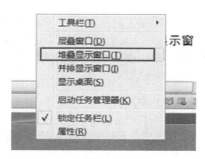

图 1-3　堆叠显示窗口命令

5) 切换窗口

当桌面上启动多个窗口时,用户只对其中一个进行操作,该窗口为活动窗口。其通常在所有打开的程序窗口的最前面,又称前台运行。窗口切换方法如下:

(1) 通过单击任务栏中的缩略图来切换窗口。

(2) 按下 Alt + Tab 组合键可以切换到先前的窗口;或者按住 Alt 键不放,重复按 Tab 键,可循环切换所有打开的窗口和桌面,释放 Alt 键可显示所选窗口。

(3) Windows Fild 3D 窗口切换:活动程序窗口是以三维堆栈方式排列的。按 Windows + Tab 组合键打开 Windows Fild 3D 窗口,单击堆栈中的任意窗口即可显示该窗口,如图 1-4 所示。

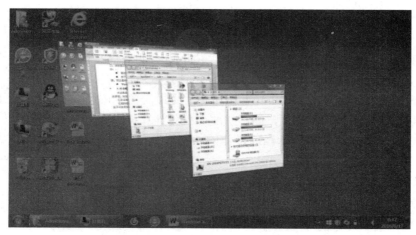

图 1-4　三维堆栈窗口排列

4. 认识对话框

对话框是一种特殊的窗口，其中包含按钮和选项，是 Windows 和用户进行信息交流的界面，如图 1-5 所示。

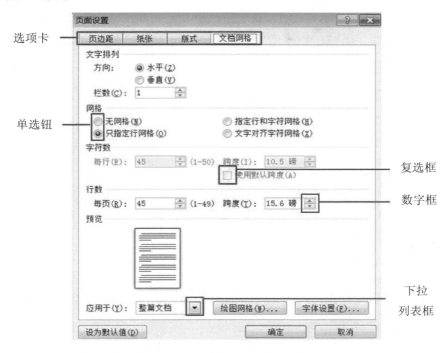

图 1-5　对话框示例窗口

1) 对话框的特点

对话框有标题栏但无菜单栏；有帮助和关闭按钮但无最大化与最小化按钮；只可改变位置，但不可改变窗口大小；某些对话框在不关闭的情况下不能进行其他操作。

2) 对话框中的元素

(1) 标题栏：其左侧是对话框的名称，右侧是"帮助"和"关闭"按钮。用鼠标拖动标题栏可移动对话框的位置。

(2) 选项卡：是对话框中叠放的页，单击可以实现不同选项卡的切换。

(3) 复选按钮 □：选择一个或若干个可选项。

(4) 单选按钮 ○：选择一组可选项中的单个选项。

(5) 数字框 ▲▼：单击上方或下方的小三角可以调整数字信息。

(6) 下拉列表框 ▼：单击此按钮，弹出一个下拉列表，从中选择所需项目。

5. 认识 Windows 7 的菜单

熟悉菜单的标记，它是菜单中的一些特殊符号或显示效果用以表示菜单命令的状态，如图 1-6 所示。

(1) 向右箭头标记：单击此类菜单命令，将在其右侧弹出一个子菜单。

(2) 圆点标记：表示该菜单命令处于有效状态。

(3) 组合键标记：按下显示的组合键，即可执行相应的菜单命令。

图 1-6　菜单的标记

(4) 勾选标记：表示该命令处于有效状态。

6. 设置个性化的系统

本小节主要介绍如何设置个性化的系统，包括外观和主题、桌面图标、桌面小工具、屏幕保护程序(以下称为屏保)、显示器的分辨率和刷新率，以及颜色外观的设置。

1) 设置屏幕保护程序

设置屏保是为了减少屏幕损耗，保障系统安全，起到节能省电的作用。设置方法如下：

(1) 在系统桌面上右击鼠标，在弹出的快捷菜单中选择"个性化"命令。

(2) 在弹出的窗口中单击窗口右下方的"屏幕保护程序"链接项，如图 1-7 中的①所示。

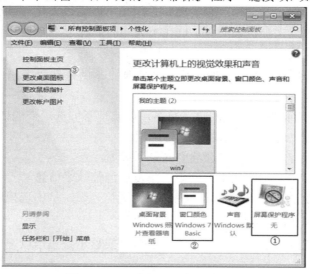

图 1-7　"屏幕保护程序"链接项

(3) 在弹出的"屏幕保护程序设置"对话框中，单击"屏幕保护程序"下拉列表框右侧的三角按钮，在展开的列表中选择一种屏幕保护选项，如选择"气泡"；在等待的微调框中设置屏保需要时间，如"1 分钟"，单击"确定"按钮，如图 1-8 所示。屏幕保护程序将在设置的屏保时间"1 分钟"后，且无人操作的情况下出现气泡。

图 1-8　"屏幕保护程序设置"对话框

2) 设置颜色和外观

在 Windows 7 系统中，通过设置主题可以改变颜色外观。操作方法如下：

(1) 如图 1-7 中的②所示，在"个性化"窗口中单击下方的"窗口颜色"链接项。

(2) 在弹出的"窗口颜色和外观"对话框下方的"项目"中选择"活动窗口标题栏"。

(3) 当"活动窗口标题栏"的大小设置没有改变时，颜色设置成蓝色；标题栏中的字体设置成宋体，预览效果如图 1-9 所示。

图 1-9　"窗口颜色和外观"对话框

3) 添加系统图标

桌面上带有名称的图形叫做图标。用鼠标双击某个图标就会打开该图标对应的窗口或程序。用户可根据个人需要添加图标到桌面上，也可对其进行排列。方法如下：

(1) 在"个性化"窗口中单击"更改桌面图标"链接项，如图 1-7 中的③所示。

(2) 在"桌面图标设置"对话框中选择需要添加的图标，例如"计算机""用户的文件"等，如图 1-10 所示。

(3) 单击"确定"按钮，则桌面图标添加成功。

图 1-10　"桌面图标设置"对话框

4) 排列桌面图标

图标添加到桌面上后，为了使桌面整洁美观，可以按顺序进行排列。方法如下：

(1) 桌面上右击鼠标，在弹出的快捷菜单中选择"排序方式"项。

(2) 在弹出的级联菜单(也可称为子菜单)中可以按照"名称、大小、项目类型、修改时间"进行排列。

(3) 如果排列效果达不到用户要求，也可以拖动图标自定义排列顺序。

5) 显示桌面小工具

为方便用户，本系统增加了"桌面小工具"程序，里面包含了多个小程序，如日历、时钟等。这些小工具可以显示在桌面上，不仅增加了桌面的美观度，还为用户提供了便捷。

通常桌面小工具默认是隐藏状态，下面以"日历"为例，操作方法如下：

(1) 在系统桌面上右击鼠标，从快捷菜单中选择"小工具"，如图 1-11 所示。

(2) 在打开的"小工具库"中双击"日历"，即显示在了桌面上，如图 1-12 所示。鼠标右击"日历"小工具，在弹出的快捷菜单中可以设置小工具的效果，如设置"大小""不透明度"等。

图 1-11　"小工具"——日历

图 1-12　显示在桌面的"日历"小工具

7. 帐户管理

Windows 7 系统中，一台计算机可以允许多个用户使用，即可以建立多个帐户，并且每个帐户之间互相不受影响。只有登录到各自的帐户内，才能查看各自帐户的资料。

1) 添加新的用户帐户

(1) 打开"控制面板"，在窗口中单击"用户帐户"链接，在弹出的窗口中单击"管理其他帐户"链接，如图 1-13 中的①所示。在弹出的窗口中，单击"创建一个新帐户"。

(2) 在弹出的"创建新帐户"窗口中键入新帐户名称"汽车公司管理用户"，并选择"标准用户"单选钮，如图 1-14 所示，单击"创建帐户"按钮。

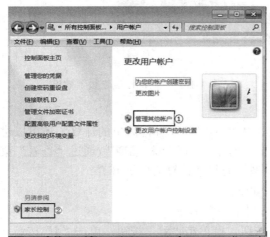
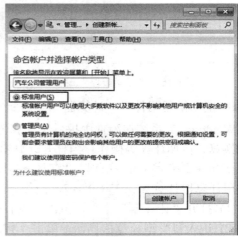

图 1-13　新帐户建立步骤 1　　　　　　图 1-14　新帐户建立步骤 2

◇ **重点提示**

"用户帐户"有三种类型，此处选择的"标准用户"适用于日常计算。

2) 设置帐户密码

为保障新帐户的安全性，可设置帐户密码，方法如下：

(1) 单击"汽车公司管理用户"帐户的链接项，在弹出的窗口中单击"创建密码"链接项即可。

(2) 当再次登录新帐户时，需要键入密码方可进入系统。

3) 设置家长控制

为了控制孩子使用电脑，例如控制使用时限或玩游戏的程度，可使用系统的"家长控制"的管理功能。以"时间限制"为例，操作方法如下：

(1) 打开"控制面板"，单击"用户帐户"，在弹出的窗口左下角单击"家长控制"链接项，如图 1-13 中的②所示。

(2) 选择"汽车公司管理用户"帐户，在"用户控制"窗口中的"Windows 设置"中选择"时间限制"，如图 1-15 所示。

(3) 在打开的窗口中，将准备阻止的时间段设置为蓝色，允许的时间段设置为白色。设置完成后单击"确定"按钮，结果如图 1-16 所示。

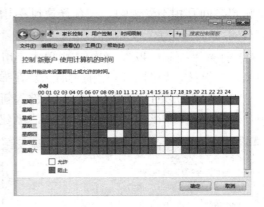

<table>
</table>

　　图 1-15　　"时间限制"设置　　　　　　　图 1-16　　"时间限制"设置效果

8. 使用常用附件——计算器

　　Windows 7 系统在附件中提供了计算器，用户不仅可以进行简单的计算，还可以进行单位换算、日期计算等操作。当打开计算器窗口时默认的是"标准型"(通过"查看"菜单可以获知并更换类型)，在此以"查看→科学型"的复杂计算为例展开介绍。

　　用计算器计算算式 $3^4 + 9^2 = ?$，操作方法如下：

　　(1) 打开"计算器"工具，单击"查看→科学型"命令。

　　(2) 进入科学型计算器界面，单击"3"按钮，再单击"x^y"按钮，单击"4"按钮。按下"＋"按钮，再单击"9"按钮，单击"x^2"按钮，最后按下"＝"按钮得出结果 162，如图 1-17 所示。

　　图 1-17　　"计算器"计算过程

9. 注销 Windows 7 系统

　　Windows 7 系统支持多个用户登录，当使用不同的帐号登录时，需要先注销当前用户程序，让其他用户登录系统。当用户使用计算机很长时间后，会出现运行速度缓慢的现象，这时注销还可以帮助电脑重新运转。操作方法：执行"开始→关机→注销"命令。

10. 退出 Windows 7 系统

用户完成任务，准备退出系统时，切记不要直接关闭电源，这样会造成数据和信息的丢失，电脑系统也会受到破坏，待下次启动系统会占用较长时间进行恢复与整理。正确退出方法如下：

(1) 保存并关闭运行的所有程序；

(2) 选择"开始→关机"命令，系统会保存设置并自动关闭，最后拔掉电源。

任务 2　公司信息资源的管理

⇨ **任务描述**

计算机中的数据是以文件的形式保存的，而文件又是以文件夹的形式分类存储的。公司员工通过重点学习对文件及文件夹的操作与管理，学会利用 Windows 7 操作系统对公司计算机的文件等资源进行管理，从而培养面对大量信息资源时的统筹管理能力。

⇨ **作品展示**

文件夹结构示例如图 1-18 所示。

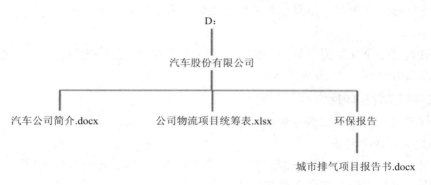

图 1-18　文件夹结构示例

⇨ **任务要点**

➢ 认识文件与文件夹。

➢ 掌握文件与文件夹的基本操作。

➢ 安全使用文件与文件夹。

⇨ **任务实施**

1. 认识文件与文件夹

1) 认识磁盘分区和盘符

硬盘是计算机的主要存储设备，但是它不能直接存储资料，需要将其划分为多个空间，这个空间就是磁盘分区。为了区分每个分区，可将其命名为不同的名称，如"本地磁盘 C"等，这样的分区称为盘符，如图 1-19 所示。

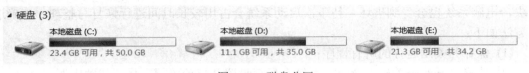

图 1-19　磁盘分区

2) 认识文件

在 Windows 7 系统中，文件是存储在计算机上的一组信息集合。文件内容可以包含文本文档、图片、程序、快捷方式或其他内容。

每个文件都有其对应的名称，例如创建"汽车公司简介.docx"，此文件名由"主文件名"和"扩展名"组成，它们之间用圆点分隔开。

(1) 其中，主文件名长度不可超过 255 个字符。扩展名通常由三个字符组成，用来标识文件的格式。如"汽车公司简介.docx"，由圆点后的扩展名得知，此文件为 word 文档类型。

(2) 文件的扩展名通常默认为不显示(隐藏)状态。

◇　重点提示

若需显示隐藏的文件扩展名，则单击"工具→文件夹选项"菜单命令，在对话框的"查看"选项卡中对"隐藏已知文件类型的扩展名"进行设置。

3) 认识文件夹

文件夹是若干个文件或文件夹的集合，为了有序地组织这些内容，文件夹通常会采用树型结构来进行管理，　为其图标。

2. 文件与文件夹的操作

对文件与文件夹进行组织与管理，可以使系统的信息资源更加有序统一。

1) 选定文件或文件夹

用户对文件或文件夹进行复制、移动、重命名等操作时，面对的操作对象可能是一个或几个，所以首先应学会选定文件或文件夹的方法。

(1) 选定单个对象：鼠标左键单击该文件或文件夹，可选定该对象。

(2) 选定多个连续的对象：单击选定的第一个对象，按住"Shift"键，再单击选定最后一个对象，可选中这一组连续的文件或文件夹，或直接拖动鼠标也可选中多个连续的对象。

(3) 选定不连续的多个对象：按住"Ctrl"键不放，单击选定每一个对象即可。

(4) 选择全部对象：按下"Ctrl＋A"组合键可选择全部对象。

(5) 反向选择文件或文件夹：选中不需要的对象，单击菜单中的"编辑→反向选择"命令即可。

2) 建立文件与文件夹

如图 1-18 所示，创建本任务的文件夹结构。

(1) 双击"计算机"图标，打开 D 盘，在其窗口空白处右击，从弹出的快捷菜单中选择"新建→文件夹"选项，如图 1-20 所示。生成"新建文件夹"，在名称框处输入"汽车股份有限公司",单击窗口空白处或按"Enter"键,则创建完成。

(2) 打开 "汽车股份有限公司"文件夹,右击空白处,在快捷菜单中选择"新建→Microsoft Word 文档"选项,如图 1-21 中的①所示。在名称框处输入"汽车公司简介",按"Enter"键,则创建完成。

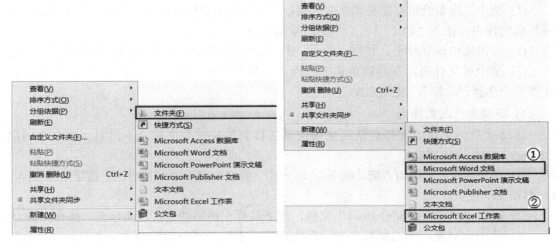

图 1-20　新建文件夹　　　　　　　　　　图 1-21　不同类型的文件创建

◇ **重点提示**

图 1-18 树形结构可以表示用文件夹结构来创建文件或文件夹,也可以使用路径 D:\汽车股份有限公司\汽车公司简介.docx 来表示,创建"汽车公司简介"文档。

(3) 在"汽车股份有限公司"文件夹下的空白处右击鼠标,在弹出的快捷菜单中选择"新建→Microsoft Excel 工作表"选项,如图 1-21 中的②所示。在名称框处输入"公司物流项目统筹表",按"Enter"键,则创建完成。

◇ **重点提示**

上述步骤可以使用路径 D:\汽车股份有限公司\公司物流项目统筹表.xlsx。

(4) 同一位置,空白处右击鼠标,在菜单中选择"新建→文件夹"选项,命名为"环保报告";双击打开"环保报告"文件夹,创建一个 Word 文档类型文件,命名为"城市排气项目报告书",按"Enter"键,则创建完成。

◇ **重点提示**

上述步骤可以使用路径 D:\汽车股份有限公司\环保报告\城市排气项目报告书.docx。

3) 创建快捷方式

快捷方式是一个链接对象的图标,是指向某个对象的指针,而并不是对象本身。双击建立好的快捷方式图标可以迅速方便地访问快捷方式链接到的项目,它的左下角带有一个小的箭头图标 。对快捷方式的改名、移动、复制或删除只影响快捷方式文件,而它对应的应用程序、文档或文件夹不会改变。建立方法如下:

(1) 选中对象,单击鼠标右键选择"创建快捷方式",在当前位置创建完成。

(2) 选中对象,单击鼠标右键拖动对象到目标文件夹,释放右键,在菜单中选择"在当前位置创建快捷方式"，操作完成。

4）复制文件或文件夹

为防止电脑中的病毒或其他原因导致文件或文件夹丢失，需要将重要的文件或文件夹复制一份进行备份。下面对 D 盘下"汽车股份有限公司"文件夹进行备份，方法如下：

(1) 选中"汽车股份有限公司"文件夹，利用键盘组合键，按下"Ctrl + C"(复制)，打开目标文件夹，按下"Ctrl + V"(粘贴)，复制完成。

(2) 单击选中该文件夹，按住"Ctrl"键，按下鼠标左键直接拖动到目标文件夹即可。

(3) 选中该文件夹，在右键菜单中选择"复制"命令，打开目标文件夹，右击鼠标，在菜单中选择"粘贴"，复制完成。

5）移动文件或文件夹

移动就是将文件或文件夹从原来的位置转移到另外一个位置。下面对"汽车公司简介.docx"文件进行移动。

(1) 选中对象，利用组合键，按下"Ctrl + X"(剪切)，打开目标文件夹，按下"Ctrl + V"(粘贴)，移动完成。

(2) 选中"汽车公司简介.docx"文件，按下鼠标左键拖动到目标文件夹，操作完成。

(3) 选中该对象，单击鼠标右键，在快捷菜单中选择"剪切"命令，至目标文件夹，右击鼠标，在菜单中选择"粘贴"命令，操作完成。

6）重命名文件或文件夹

(1) 使用快捷菜单：选中"城市排气项目报告书.docx"文件，单击鼠标右键，在快捷菜单中选择"重命名"命令，键入新文件名称，按下"Enter"键或单击窗口任意空白处即可。

(2) 两次单击对象法：将鼠标停在"城市排气项目报告书.docx"文件的名称框处，不连续地单击鼠标左键两次，输入新名称，按下"Enter"键即可。

◇ 重点提示

文件更名过程中遇到扩展名的改变时，如将"城市排气项目报告书.docx"的扩展名更改为".pptx"类型时，手动直接键入，此时会出现提示对话框，如图 1-22 所示，此时按下"是"按钮，文件类型发生改变。

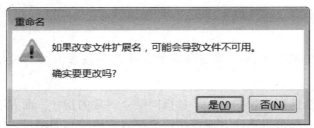

图 1-22　改变扩展名提示框

◇ 重点提示

在同一个文件夹中不能有两个同名文件或文件夹，否则资源管理器拒绝修改。不要修改文件的扩展名，也不能修改当前打开着的文件所在的文件夹名。

7) 删除文件或文件夹

对于一些不必要的文件或文件夹，我们定期对其删除，以达到节省空间容量的目的。

(1) 选中要删除的对象，按下"Delete"键完成删除。

(2) 单击菜单栏中的"文件→删除"命令完成删除操作。

(3) 单击工具栏中的"组织→删除"命令完成删除操作。

(4) 选中对象，单击鼠标右键，在快捷菜单中选择"删除"命令。

利用以上方法进行删除时，系统会回馈一个提示对话框，如图 1-23 所示，要求用户确认删除与否。对于删除的文件，系统会暂时存放到"回收站"中，如再次需要可从"回收站"将其还原。

图 1-23 　 确认删除(放入回收站)

◇ 重点提示

如果想彻底删除，先选定对象，按下"Shift + Del"组合键，此时出现如图 1-24 所示的提示框，单击"是"按钮即可。

图 1-24 　 彻底删除

8) 撤消操作

完成对象的复制、移动、删除操作后，由于各种原因需要回到前一步的操作状态，可进行撤消操作，方法如下：

(1) 使用快捷键"Ctrl + Z"。

(2) 单击菜单栏中的"编辑→撤消"命令。

9) 查找文件或文件夹

Windows 7 系统为用户提供了非常便捷的查找功能，可以借助相关的信息来查找文件或文件夹，在查找过程中可根据文件名称、文件类型等信息进行搜索。对找到的对象还可直接进行打开、复制、移动、重命名、删除、创建快捷方式等操作。例如在 D 盘下查找某文件，操作步骤如下：

(1) 确定搜索范围 D 盘，双击打开，在其窗口右上角"搜索本地磁盘 D"一栏中键入要搜索的对象名称"公司物流项目统筹表.xlsx"。(键入搜索文件名称时要完整)

(2) 搜索完毕，窗口中显示出搜索的文件，如图 1-25 所示。

◇ **重点提示**

当遇到查找对象的信息不明确时，如查找 D 盘下所有扩展名为".docx"的文件时，此时在主文件名未知的情况下，需用到通配符"?"与"*"来表示。其中"?"表示一个字符长度，"*"表示若干个字符长度。查找方法如下：在 D 盘下的窗口右上角搜索一栏中键入"*.docx"，则".docx"类型的所有文件全部显示出来。

图 1-25　文件查找过程

10) 查看文件或文件夹的属性

为了更好地对文件或文件夹进行管理与操作，有时需要查看其属性。

(1) 双击"汽车股份有限公司"文件夹，要查看其中"汽车公司简介.docx"文件的属性，右击鼠标，在快捷菜单中选择"属性"命令。

(2) 在打开的属性对话框中单击"常规"选项卡，当前区域显示文件的类型、位置、大小与占有空间等属性，如图 1-26 所示。

图 1-26　属性对话框

3. 安全使用文件或文件夹

如果不希望其他用户执行查看等操作，可以对文件或文件夹进行安全设置。

1) 隐藏文件或文件夹

属性对话框中可以对文件或文件夹进行隐藏属性的设置，如图 1-26 所示，方法如下：

(1) 选中对象，右击鼠标，在菜单中选择"属性"。

(2) 在"常规"选项卡中将"隐藏"复选框选中，单击"确定"按钮即可。

2) 显示隐藏的文件或文件夹

(1) 打开 D 盘，在窗口中单击工具栏中的"组织→文件夹和搜索选项"命令。

(2) 在弹出的"文件夹选项"对话框中单击"查看"选项卡，在"高级设置"中向下拖动垂直滚动条，将"显示隐藏的文件、文件夹和驱动器"选中，单击"确定"按钮，如图 1-27 所示。

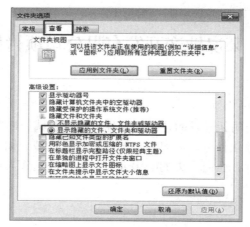

图 1-27　显示隐藏的文件或文件夹

3) 加密文件和文件夹

(1) 选中 D 盘下"汽车股份有限公司"文件夹，右击鼠标，在菜单中选择"属性"命令，在弹出的对话框中单击"高级"按钮。

(2) 在"高级属性"对话框中选择"加密内容以便保护数据"选项，单击"确定"按钮。

(3) 在弹出的"确认属性更改"对话框中，选择"将更改应用于此文件夹、子文件夹和文件"选项，单击"确定"按钮，如图 1-28 所示。

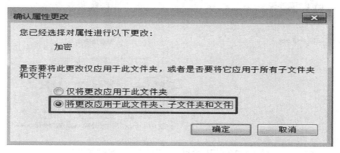

图 1-28　文件或文件夹的加密

（4）通过上述步骤完成加密操作，被加密的文件夹名称将显示为绿色。

4．使用回收站

"回收站"是硬盘上开辟的区域，是存在于各个硬盘驱动器上的隐藏文件夹。用户删除文件夹、应用程序等对象时，为了防止有误操作，系统不直接将它们清除，而是先送往回收站，必要时还可以将文件恢复到原来所在的位置。对回收站有如下几种操作：

（1）还原和删除：选定对象，单击菜单"文件→还原"或"删除"命令，可将选定的对象恢复到原来的位置或彻底删除。

（2）清空回收站：当回收站里的内容积累过多时，可以通过"清空回收站"来进行彻底删除。单击"文件→清空回收站"命令，或单击右键在快捷菜单中选择"清空回收站"，可对全部内容进行永久删除。

拓展任务　某房地产开发有限公司项目信息的管理

⇨ 任务描述

某房地产开发有限公司新开发的住宅项目称为"开发城一期"，该小区配套设施齐全，是本市区不可多得的人性化社区。公司相关部门对"开发城一期"有关的项目信息进行了统一的文件夹结构的管理，面向广大的购房人群，为一线工作人员与消费者的交流提供了便捷的条件。

⇨ 作品展示

开发城一期信息管理结构图如图 1-29 所示。

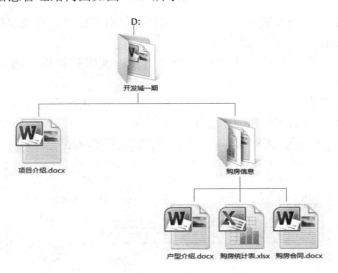

图 1-29　开发城一期信息管理结构图

⇨ 任务要点

➢ 在 D 盘根目录下建立文件与文件夹的关系。
➢ 设置 Excel 类型文件的加密属性。
➢ 利用通配符"？"或"＊"查找文件。
➢ 利用键盘键位复制屏幕，并学会以图像形式保存。

⇨ 任务实施

1. 建立文件与文件夹的关系

如图 1-29 所示，双击打开 D 盘，在其根目录下创建文件夹，操作如下：

(1) 右击鼠标，在快捷菜单中选择"新建→文件夹"命令，此时在反蓝处键入名称"开发城一期"即可。

(2) 打开"开发城一期"文件夹，右击鼠标创建两个文件夹，命名为"项目介绍"与"购房信息"。

(3) 打开"购房信息"文件夹，右击鼠标创建两个 Word 文档，分别命名为"户型介绍"和"购房合同"；创建一个 Excel 工作表类型文件，命名为"购房统计表"。文件夹结构创建完成。

2. 设置文件的属性

将"购房信息"文件夹下的文件按"详细信息"排列，并将其中.xlsx 类型文件设置加密属性。

(1) 打开"购房信息"文件夹，单击工具栏中的"查看→详细信息"命令，图标排列发生变化，在图标上方出现"名称、修改日期、类型、大小"按钮，类型中显示 Microsoft Excel 工作表的文件为"购房统计表"。

(2) 选中该文件，右击鼠标快捷菜单并选择"属性"，单击"高级"按钮，选择"加密内容以便保护数据"选项，单击"确定"按钮。

(3) 在弹出的"确认属性更改"对话框中，选择"将更改应用于此文件夹、子文件夹和文件"选项，单击"确定"按钮。

(4) 此时，"购房统计表"文件图标及文件名称显示为绿色。

3. 通配符的使用

在 D 盘下搜索所有.docx 类型的文件并备份。

(1) 打开 D 盘，在窗口右上角 搜索 本地磁盘 (D:) 栏内键入＊.docx，按"Enter"键，此时窗口中显示出被定位的该类型文件。

(2) 从第一个文件处开始按下鼠标左键，一直拖动到最后一个文件释放鼠标，所有的文件被拖动选中，按下"Ctrl＋C"组合键，打开 E 盘下提前建立的"备份文件夹"，按下"Ctrl＋V"组合键，操作完成。

4. 复制屏幕以及保存

电脑键盘右上方有一个"Print Screen"键位，通常缩写形式为"Prt Sc"，这个键位可进行图像捕捉，操作便捷。下面以系统桌面为例介绍复制屏幕以及保存，方法如下：

(1) 回归到系统桌面，按下键盘上的"Print Screen"键，打开"开始→所有程序→附件→画图"命令，按下组合键"Ctrl + V"，单击菜单中的 ▀▀▀▀ 按钮，选择"另存为→BMP 图片"命令，在打开的"保存为"对话框中选择保存地址并输入文件名即可。

(2) 如果桌面上显示一个当前打开的窗口，该窗口称为活动窗口，此时按下"Alt + PrintScreen"键，打开"开始→所有程序→附件→画图"命令，按上述保存过程可将此活动窗口复制并保存。

单元 2　Word 2010 公司常用文档制作

　　Word 2010 中文版是美国 Microsoft 公司推出的文字编辑软件,是办公自动化套装软件 Office 2010 家族中的重要组成部分。它具有强大的文字编辑功能、图文混排功能以及制表功能,是目前使用最广泛的文字处理软件。

⇨ 情景导入

　　本单元利用 Word 2010 制作公司行政文件、公司简介、公司产品宣传单、公司组织结构图和商品出入库登记表等公司常用的文档。

⇨ 学习要点

> ➢ 能够根据实际需要为文档设置页面布局。
> ➢ 能够熟练地进行文字的录入、编辑和排版。
> ➢ 学会为文档进行图文混排。
> ➢ 学会在文档中插入和编辑 SmartArt 图形。
> ➢ 学会在文档中建立、编辑及使用表格。

任务 1　制作公司行政文件

⇨ 任务描述

　　近期,公司接到举报,反映有人借招标名义向投标人借钱,索要标书款项等。为保障广大投标人的合法权益,请根据这一情况撰写一份公司声明书。

⇨ 作品展示

　　本任务制作的公司行政文件效果如图 2-1 所示。

⇨ 任务要点

> ➢ 建立文档并设置文档的页面布局。
> ➢ 输入并编辑文本内容。
> ➢ 设置文档的字符格式和段落格式。
> ➢ 设置文档的页眉页脚。

> ➤ 保存文档。
> ➤ 预览、打印和关闭文档。

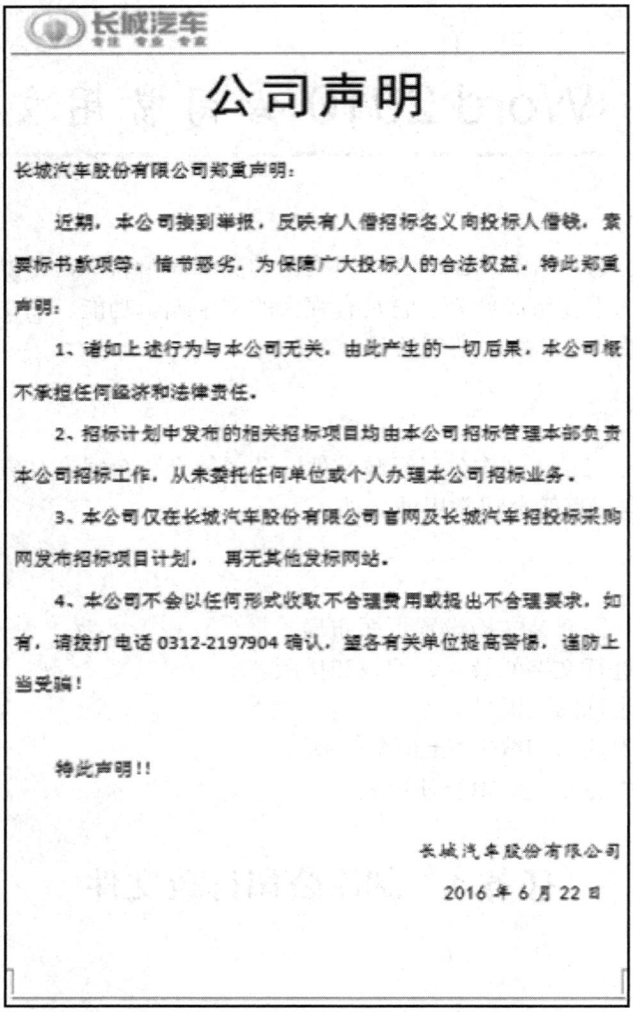

公司声明

长城汽车股份有限公司郑重声明:

　　近期,本公司接到举报,反映有人借招标名义向投标人借贷,索要标书款项等,情节恶劣。为保障广大投标人的合法权益,特此郑重声明:

　　1、诸如上述行为与本公司无关,由此产生的一切后果,本公司概不承担任何经济和法律责任。

　　2、招标计划中发布的相关招标项目均由本公司招标管理本部负责本公司招标工作,从未委托任何单位或个人办理本公司招标业务。

　　3、本公司仅在长城汽车股份有限公司官网及长城汽车招投标采购网发布招标项目计划,再无其他发标网站。

　　4、本公司不会以任何形式收取不合理费用或提出不合理要求。如有,请拨打电话 0312-2197904 确认。望各有关单位提高警惕,谨防上当受骗!

　　特此声明!!

长城汽车股份有限公司
2016 年 6 月 22 日

图 2-1　公司行政文件

⇨ 任务实施

1. 新建文档并保存

(1) 启动 Word 2010 应用程序,系统会自动新建一份空白 Word 文档"文档 1"。

(2) 执行"文件→保存"命令,将"文档 1"以"公司行政文件.docx"为文件名保存在"素材与实例→单元 2→任务 1"文件夹中。

2. 页面设置

根据需要和字数多少选择纸张大小、打印方向、页边距等。本文件纸张大小为 A4、上页边距为 4 厘米,下页边距及左右页边距均为 3 厘米,纵向打印。操作步骤如下:

(1) 单击"页面布局"选项卡上"页面设置"功能组右下角的对话框启动器按钮 ,

打开"页面设置"对话框。

（2）选择"纸张"选项卡，在"纸张大小"列表框中设置纸张大小为 A4，如图 2-2 所示。

（3）选择"页边距"选项卡，在"上""下""左""右"框内分别设置页边距的值，将文档的上页边距设定为 4 cm，下页边距、左页边距和右页边距均为 3 cm。设置纸张方向为"纵向"，如图 2-3 所示。

图 2-2　"纸张"选项卡

图 2-3　对话框示例窗口

（4）单击"确定"按钮，关闭对话框。

3．输入文本

按照图 2-4 所示，在文档中输入文件标题、正文内容、落款等。

4．编排文档

1）设置标题格式

设置标题"公司声明"的字符格式和段落格式。字符格式：黑体、小初、字符间距加宽 1.5 磅。段落格式：居中、段前 0.5 行、段后 1 行，效果如图 2-5 所示。

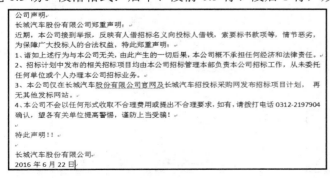

图 2-4　文本内容

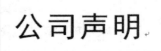

图 2-5　标题段落的格式化效果

设置方法如下：

（1）设置字体格式。选中标题文本"公司声明"，利用"开始→字体"功能组中的工具栏按钮进行字体、字号设置，如图 2-6 所示。

（2）设置字符间距。选中标题"公司声明"文本，单击"开始"选项卡上"字体"功能组右下角的对话框启动器按钮 ，打开"字体"对话框，切换到"高级"选项卡，按照图 2-7 所示进行设置。

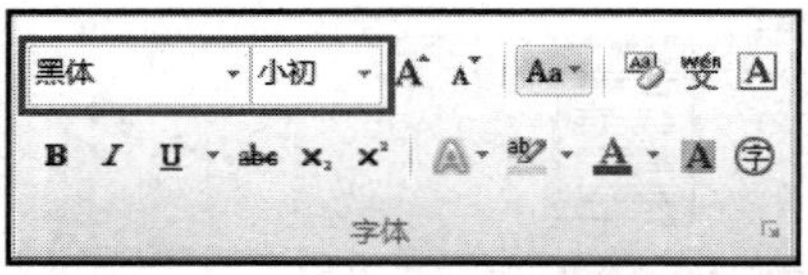

图 2-6　"字体"功能组中的工具栏

图 2-7　设置字符间距

（3）设置段落格式。首先，把光标置于"公司声明"文字中，利用"开始→段落"功能组中的工具栏进行段落的"居中"设置，如图 2-8 所示。然后单击"开始"选项卡上"段落"功能组右下角的对话框启动器按钮，打开"段落"对话框，按照图 2-9 所示进行设置。

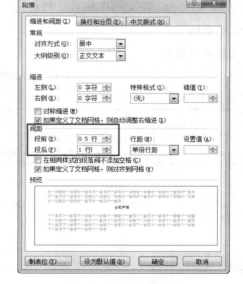

图 2-8　设置段落居中

图 2-9　设置段落间距

2) 设置正文文本格式

正文内容包括除标题段落之外的第 1 段到最后 3 行落款之前的段落。将正文设置为宋体和 Calibri(西文)、四号字，段落行距为 1.5 倍。

(1) 设置正文字体格式。按住鼠标左键拖动鼠标选中所有正文文本内容，打开"字体"对话框，按照图 2-10 所示进行设置。

(2) 设置正文段落的行距。选中所有正文段落，打开"段落"对话框，按照图 2-11 所示进行设置。

图 2-10　设置正文字体格式　　　　　图 2-11　设置正文段落的行距

(3) 设置正文第 1 段段后间距 0.5 行。选中正文第 1 段，打开"段落"对话框，按照图 2-12 所示进行设置。

图 2-12　设置正文第 1 段段后距

(4) 将正文第 2～6 段和第 8 段文本设置为首行缩进 2 字符。按住鼠标左键并拖动选中正文第 2～6 段，按住"Ctrl"键不动，同时选中正文第 8 段，然后打开"段落"对话框，在"特殊格式"下拉列表中选择"首行缩进"项，保持其"磅值"为 2 字符。

3) 设置落款的格式

设置落款处的格式。字体格式：楷体、四号。段落格式：右对齐、1.5 倍行距，设置"长城汽车股份有限公司"段落的段前距为 0.5 行，日期段落右缩进 1.25 个字符。设置方法如下：

(1) 选中落款处的两段文本，利用"开始→字体"功能组中的工具按钮进行字体、字号设置，如图 2-13 所示。

(2) 选中落款处的两段文本，利用"开始→段落"功能组中的工具按钮设置段落右对齐，如图 2-14 所示。

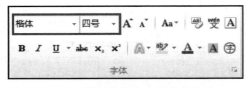

　　图 2-13　设置落款文本的字体格式　　　　图 2-14　设置落款文本右对齐

(3) 把光标置于"长城汽车股份有限公司"段落中，利用"段落"对话框设置行距为1.5 倍，段前间距为 0.5 行。

(4) 把鼠标光标置于日期段落中，利用"段落"对话框设置其右缩进 1.25 个字符。

4) 设置页眉页脚

页眉和页脚分别位于页面的顶部和底部，常用来插入页码、时间和日期、作者姓名或公司徽标等内容。该任务需要在页眉中插入公司徽标，并分别在页眉页脚中设置横线。设置方法如下：

(1) 单击"插入"选项卡上"页眉和页脚"功能组中的"页眉"按钮，如图 2-15 所示，在展开的列表中选择"编辑页眉"按钮，如图 2-16 所示。

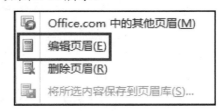

　　图 2-15　"页眉"按钮　　　　　　　图 2-16　"编辑页眉"按钮

(2) 可看到光标在页眉编辑区闪烁，单击"插入"选项卡上"插图"功能组中的"图片"按钮，如图 2-17 所示，在打开的"插入图片"对话框中选择"单元 2\任务 1…\素材"文件夹中的"公司徽标.bmp"图片文件，单击"插入"按钮将其插入页眉中，如图 2-18所示。

(3) 选中图片，利用"开始→段落"功能组中的工具按钮设置图片左对齐，如图 2-19所示。

图 2-17 "图片"按钮　　　　图 2-18 "插入图片"对话框

图 2-19 设置图片左对齐

(4) 设置页眉线和页脚线。在默认状态下，页眉的底端有一条单线，即页眉线。用户可以对页眉线进行设置、修改和删除。该任务中页眉线为 1.5 磅黑色实线，设置方法如下：将光标定位在页眉编辑区的任意位置，单击"开始"选项卡上"段落"功能组中的"边框和底纹"按钮右侧的三角按钮，如图 2-20 所示，在展开的列表中选择"边框和底纹"，弹出"边框和底纹"对话框，按照图 2-21 所示进行设置。

图 2-20 "边框和底纹"按钮　　　　图 2-21 "边框和底纹"对话框

设置完成后，单击"页眉和页脚工具设计"选项卡上"导航"功能组中的"转至页脚"按钮，如图 2-22 所示，转至页脚处。

参照上述方法和图 2-21，设置页脚线为 1.5 磅黑色实线。

图 2-22 "转至页脚"按钮

此处为使文档更加美观,在"页眉和页脚工具设计"选项卡的"位置"功能组中设置页眉顶端距离和页脚底端距离分别为 2.1 厘米和 1.9 厘米。

设置完成后,单击"页眉和页脚工具设计"选项卡上"关闭"功能组中的"关闭页眉和页脚"按钮 ,退出页眉和页脚编辑状态,此时可查看页眉和页脚的设置效果。

5. 保存文档

单击快速访问工具栏中的"保存"按钮 ,文档即默认保存在"单元 2\任务 1"文件夹下。

6. 预览、打印

文档编排完成后,就可以打印了。在打印之前,一般先使用打印预览功能查看文档的整体编排效果,满意后再进行打印。操作方法如下:

执行"文件→打印"命令,进入如图 2-23 所示的打印界面,在窗口右侧可以预览打印效果,窗口中间可设置打印份数、打印机、打印范围等参数,最后单击"打印"按钮可对设置好的文档进行打印。

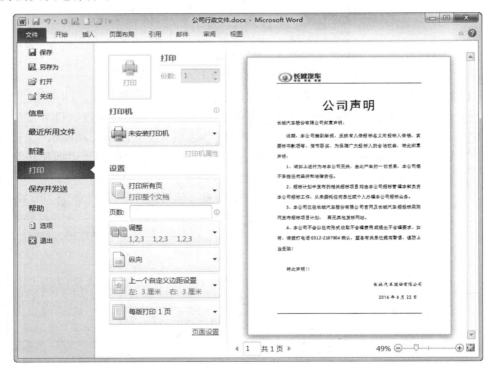

图 2-23 文档的打印界面

7. 关闭文档

要关闭文档,既可以单击文档窗口右上角的"关闭"按钮,也可以执行"文件→关闭"命令。在关闭文档时,若文档内容在上次存盘之后没有更新,即可关闭文档,否则在关闭时,会弹出如图 2-24 所示的对话框,提示用户是否保存所做的更改,选择"保存"按钮,即可先存盘再关闭文档;选择"不保存"按钮,会放弃修改的内容而直接关闭文档;选择

"取消"按钮，Word 会回到原来的文档编辑窗口。

图 2-24　"提醒保存"对话框

任务 2　制作公司简介

⇨ 任务描述

公司简介是目前各公司广泛使用的一种文体格式，是公司宣传最基本的文档资料。它主要通过简明扼要地描述公司概况、发展状况、公司文化、主要产品、销售业绩、网络以及售后服务等信息，让客户从中得到所需的有价值的信息，从而起到宣传并推销公司和公司产品的作用。

公司简介文档有很多表现形式，可以利用图片、文本、表格以及图形等来进行制作。假设你是某汽车股份有限公司办公室的一名员工，现制作一份该公司的公司简介，方便对本公司进行宣传。

⇨ 作品展示

本任务制作的公司简介效果如图 2-25 所示。

图 2-25　公司简介

⇨ 任务要点

> ➢ 打开文档并设置文档的页面布局。
> ➢ 输入并编辑文本内容。
> ➢ 查找替换。
> ➢ 编辑文档水印与页眉。
> ➢ 设置文档的字符格式和段落格式。
> ➢ 插入图片并编辑。
> ➢ 对文档的相关段落进行分栏。
> ➢ 保存并关闭文档。

⇨ 任务实施

1. 打开文档并将文档另存

(1) 双击"素材与实例\单元 2\任务 2\素材"文件夹下的 "公司简介(文本).docx",打开该素材文档。

(2) 执行"文件→另存为"命令,将"公司简介(文本).docx"以"公司简介"为名保存在"单元 2\任务 2"文件夹中,如图 2-26 所示。

图 2-26　"另存为"对话框

2. 页面设置

纸张大小为 A4,上、下页边距为 2.5 厘米,左、右页边距均为 2.8 厘米,"文字方向"为"纵向",页眉、页脚距边界分别为 2 厘米、1.8 厘米。

3. 编辑文本

打开"公司简介(文本).docx"并另存需要修改一些内容,即进行编辑文档的操作。

(1) 将标题中的"企业概况"文本删除,输入新文本"长城汽车公司简介"。

（2）将文档中所有的文本"企业"替换为"公司"。在编辑过程中，有时需要找出特定的文字进行统一修饰，可使用"查找"和"替换"功能实现。

图 2-27　"替换"按钮

① 单击"开始→编辑→替换"按钮，如图 2-27 所示，打开"查找和替换"对话框并显示"替换"选项卡。

② 在"查找内容"编辑框中输入要查找的文本"企业"，在"替换为"编辑框中输入要替换的文本"公司"，如图 2-28 所示。

③ 单击"全部替换"按钮，如图 2-28 所示，弹出"确定替换"对话框，单击"确定"按钮，如图 2-29 所示，即可将文档中所有的文本"企业"替换为"公司"，确认替换后，单击"关闭"按钮关闭"查找和替换"对话框。

图 2-28　"查找和替换"对话框

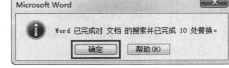

图 2-29　"确定替换"对话框

（3）删除文中所有的空行。

① 再次打开"查找和替换"对话框。在"替换"选项卡的"查找内容"编辑框单击"更多"按钮，在展开的对话框中单击"特殊格式"按钮，如图 2-30 所示，从展开的列表中选择两次"段落标记"项，再将光标放在"替换为"编辑框中，单击选择一次"段落标记"项，此时对话框如图 2-30 所示。

② 单击"全部替换"按钮，直到删除文中所有空行，然后关闭"查找和替换"对话框。

图 2-30　"替换"选项卡

4. 输入新文本

(1) 在文档末尾输入如图 2-31 所示文本。

(2) 在文档中插入符号。用户在创建文档时，有些符号是不能直接从键盘输入的，可以使用其他方法来插入。如在文本"联系方式"左侧插入符号"★"，操作步骤如下：

① 将光标定位在文本"联系方式"的左侧。

② 单击"插入→符号→其他符号"按钮，如图 2-32 所示，打开"符号"对话框，如图 2-33 所示，在下方的符号列表框中选择"★"，单击"插入"按钮即可将"★"插入文档，单击"关闭"按钮关闭对话框。

图 2-31　新文本内容

图 2-32　"符号"按钮

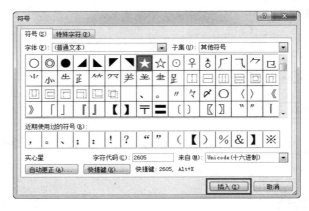

图 2-33　"符号"对话框

5. 设置文本格式

(1) 设置标题文本"长城汽车公司简介"为楷体、二号字、加粗显示；居中、段前段后 0.5 行。

(2) 设置除新输入文本外的所有文本为宋体、五号字；首行缩进 2 字符，1.25 倍行距。

（3）设置文本"★联系方式"为宋体、四号、加粗；段前间距为 2 行、段后间距为 0.5 行、1.25 倍行距。

（4）设置"★联系方式"具体内容的格式，效果如图 2-34 所示。

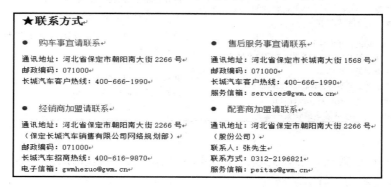

图 2-34　"★联系方式"具体内容的格式化效果

① 按住"Ctrl"键拖动鼠标选中文本"购车事宜请联系"、"经销商加盟请联系"、"售后服务事宜请联系"和"配套商加盟请联系"，单击"开始→段落→项目符号"按钮，在展开的列表中选择如图 2-35 所示的项目符号，为文本添加项目符号。

图 2-35　"项目符号"按钮

② 设置字体格式：宋体、红色、五号；悬挂缩进 0.74 厘米，段后 0.5 行。

③ 设置"★联系方式"剩余文本具体内容的格式：宋体、10 号字。

④ 设置分栏。选中"★联系方式"具体内容文本，单击"页面布局→页面设置→分栏"按钮，如图 2-36 所示，在展开的列表中选择"更多分栏"项，打开"分栏"对话框，如图 2-37 所示，在"预设"处单击"两栏"按钮，或将"栏数"处设置为"2"；在"宽度和间距"处单击间距调整按钮"$\boxed{\div}$"，调整栏间距为 1.5 字符。单击"确定"按钮，得到分栏效果如图 2-38 所示。

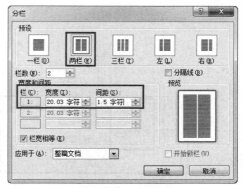

图 2-36　"分栏"按钮　　　　　　　　　　图 2-37　"分栏"对话框

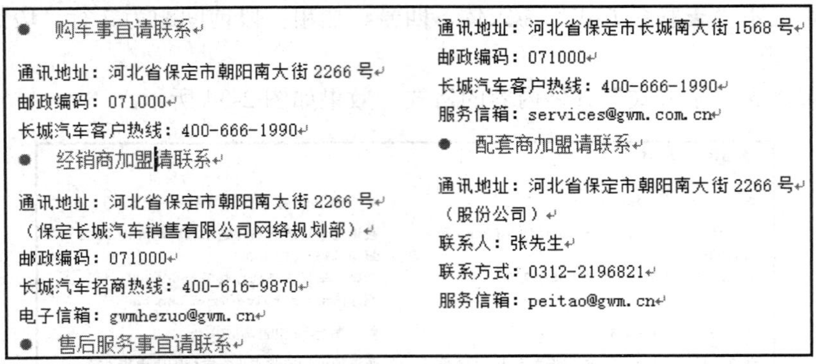

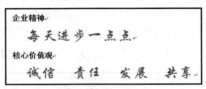

● 购车事宜请联系

通讯地址：河北省保定市朝阳南大街 2266 号
邮政编码：071000
长城汽车客户热线：400-666-1990

● 经销商加盟请联系

通讯地址：河北省保定市朝阳南大街 2266 号
（保定长城汽车销售有限公司网络规划部）
邮政编码：071000
长城汽车招商热线：400-616-9870
电子信箱：gwmhezuo@gwm.cn

● 售后服务事宜请联系

通讯地址：河北省保定市长城南大街 1568 号
邮政编码：071000
长城汽车客户热线：400-666-1990
服务信箱：services@gwm.com.cn

● 配套商加盟请联系

通讯地址：河北省保定市朝阳南大街 2266 号
（股份公司）
联系人：张先生
联系方式：0312-2196821
服务信箱：peitao@gwm.cn

图 2-38　分栏后的效果

⑤ 美化分栏后效果。设置文本“经销商加盟请联系”的段前距为 2 行，“配套商加盟请联系”的段前距为 1 行。

(5) 设置“企业精神”和“核心价值观”具体内容的格式，效果如图 2-39 所示。

企业精神

每天进步一点点

核心价值观

诚信　责任　发展　共享

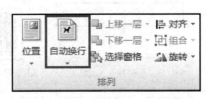

图 2-39　具体内容的格式化效果

① 设置文本“企业精神”和“核心价值观”格式为：宋体、小四、加粗；左缩进 2 字符；“企业精神”段前间距为 2 行。

② 其余文本格式为：华文行楷、小一、红色；左缩进 4 字符。

6. 插入图片并编辑

1) 插入图片

将光标定位到标题文字的右侧，然后插入素材文件夹中的“楼.bmp”图片。

2) 编辑插入的图片

(1) 设置图片的文字环绕方式。选中插入的图片，单击“图片工具格式→排列→自动换行”按钮，如图 2-40 所示，在展开的列表中选择“四周型环绕”，如图 2-41 所示。

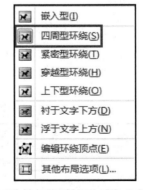

图 2-40　图片“自动换行”按钮

图 2-41　设置文字环绕方式

（2）调整图片的大小。选中插入的图片，单击"图片工具格式"选项卡上"大小"功能组右下角的对话框启动器按钮 ，打开"布局"对话框，在"大小"选项卡的"缩放"区选中"锁定纵横比"和"相对原始图片大小"复选框，设置"缩放"高度和宽度均为 75%，如图 2-42 所示。

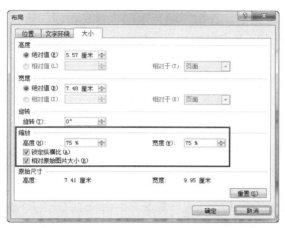

图 2-42　"布局"对话框"大小"选项卡

（3）设置图片的位置。选中插入的图片，单击"图片工具格式→排列→位置"按钮，如图 2-43 所示，在展开的列表中选择"其他布局选项"，打开"布局"对话框，在"位置"选项卡的"水平"区设置"对齐方式"为"相对于"，页边距为"右对齐"，在"垂直"区设置"绝对位置"为距"页边距"下侧"2 厘米"，如图 2-44 所示。

图 2-43　图片"位置"按钮

图 2-44　"布局"对话框"位置"选项卡

7. 设置页眉

（1）单击"插入→页眉和页脚→页眉"按钮，在展开的列表中选择"编辑页眉"，在光标闪烁处输入文本"长城汽车股份有限公司"。

（2）选中刚输入的文本，设置文本格式为：楷体、五号，居中对齐。

（3）设置页眉线为 1.5 磅黑色双线 ══ 。

（4）退出页眉和页脚编辑状态。

8. 编辑水印

1) 自定义水印

(1) 单击"页面布局→页面设置→水印"按钮，如图 2-45 所示，在展开的列表中选择"自定义水印"选项。

(2) 打开"水印"对话框，选中"图片水印"单选按钮，将水印类型设置为图片；在"缩放"处设置水印图片大小为"100%"，取消"冲蚀"复选框，如图 2-46 所示。

图 2-45　"水印"按钮　　　　　　图 2-46　"水印"对话框

2) 选择水印图片

单击"水印"对话框中的"选择图片"按钮，打开"插入图片"对话框，选择单元 2\任务 2\素材\汽车.bmp"图像文件，单击"插入"按钮，然后单击"水印"对话框中的"确定"按钮，即可插入水印图片。

3) 编辑水印图片

(1) 在页眉处双击鼠标，进入页眉和页脚编辑状态，单击选择水印图片，利用"图片工具格式→排列→对齐"按钮列表，如图 2-47 所示，设置水印图片位置为：水平方向上相对于页面"左右居中"，垂直方向上相对于页面"底端对齐"。

(2) 设置完成后，退出页眉和页脚编辑状态。

图 2-47　"对齐"列表

9. 保存并关闭文档

文档编辑完成后，单击快速访问工具栏中的"保存"按钮 ，再次将文档保存。保存完成后，即可单击文档窗口右上角的"关闭"按钮，将文档关闭。

任务 3　制作公司产品宣传单

⇒ 任务描述

公司产品宣传单是商家为宣传自己产品而使用的一种印刷品，其目的是扩大产品的影响力。产品宣传单一般用于展示企业产品，说明产品的功能、用途和特点等。由于其具有快速发放，制造成本低廉以及效率高等特点，现已广泛运用于展会招商宣传、房产招商楼盘销售、学校招生、产品推介、旅游景点推广、宾馆酒店宣传、开业宣传等。

假设你是某汽车股份有限公司宣传部的一名员工，哈弗 H9 现已全新上市，为扩大其影响力，提高产品知名度，请你为其制作一份产品宣传单。

⇨ 任务要点

- ➤ 图形的绘制、移动与缩放。
- ➤ 设置图形的颜色、填充和版式。
- ➤ 图片、艺术字的插入和编辑。
- ➤ 文本框的使用。
- ➤ 多个对象的对齐、组合与层次操作。
- ➤ 合理地进行版面设计和色彩搭配。

⇨ 作品展示

本任务制作的公司产品宣传单的最终效果如图 2-48 所示。

图 2-48　公司产品宣传单

⇨ 任务实施

1. 准备工作

(1) 新建空白 Word 文档，并将文档以"公司产品宣传单.docx"为名保存在"单元 2\任务 3"文件夹中。

(2) 设置纸张方向为"横向"，纸张大小为自定义，宽为 29.1 厘米，高为 21.6 厘米，上下左右页边距均为 0.6 厘米。

(3) 确定好宣传单的主题和色调。

(4) 从网上搜索与主题相符或者与文字表达寓意相符的图片、图标等素材，将其下载下来，保存到相应的文件夹中备用。

(5) 确定好宣传单各部分文字、图片的位置以及版面的整体结构。

2. 制作宣传单的图片部分

1) 背景图的制作

(1) 插入图片：将"单元 2\任务 3\素材"文件夹中的"汽车.bmp"图片插入文档。

(2) 设置图片的文字环绕方式为"浮于文字上方"。

(3) 调整图片的大小：锁定纵横比，宽度为 29.1 厘米。

(4) 设置图片样式：选中插入的图片，在"图片工具格式→图片样式"列表中选择"简单框架，黑色"按钮，如图 2-49 所示，为图片设置系统内置的样式。

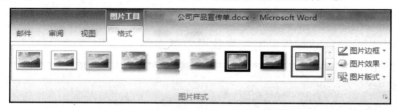

图 2-49　设置图片的图片样式

(5) 设置图片的位置：选中图片，利用"图片工具格式→排列→对齐"列表中的选项，设置图片水平上相对于页面左右居中，垂直上相对于页面顶端对齐。

2) 公司 Logo 的制作

(1) 插入图片：将"单元 2\任务 3\素材"
文件夹中的"logo.bmp"图片插入到文档。

(2) 设置图片的文字环绕方式为"四周型
环绕"。

(3) 设置图片的背景为透明色：选中图
片，选择"图片工具格式→颜色"列表中的"设
置透明色"项，如图 2-50 所示，然后在图片

图 2-50　"设置透明色"按钮

上的白色部分单击鼠标左键，即可将图片的背景设置为透明色。

(4) 调整图片的大小：锁定纵横比，宽度为 6.81 厘米。

(5) 设置图片的位置：水平上相对于页边距右对齐，垂直上相对于页边距顶端对齐。

3. 制作宣传单的艺术字标题部分

1) 制作正标题

(1) 插入文本框并输入文本。单击"插入→文本
→文本框"按钮，如图 2-51 所示，在展开的列表中
选择"绘制文本框"项，此时鼠标光标即变成"十"
字形，按下鼠标左键并拖动，绘制一个任意大小的
文本框，在文本框中光标闪烁处输入文本"为越野

图 2-51　"文本框"按钮

而生!"。

　　(2) 设置文本的格式。单击文本框的边框选中文本框,利用"字体"功能组设置其字体格式:微软雅黑、48 号、加粗显示。按住"Ctrl"键,依次选中"越野"二字和感叹号,设置其字体格式为华文行楷、80 号。选中所有文本,选择"开始→段落→中文版式→调整宽度"项,如图 2-52 所示,打开"调整宽度"对话框,设置新文字宽度为 8 字符,如图 2-53 所示。

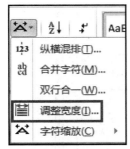

图 2-52　"调整宽度"按钮　　　　　　图 2-53　"调整宽度"对话框

　　(3) 设置艺术字效果。选中文本框,单击"绘图工具格式→艺术字样式→其他"按钮,在展开的列表中选择如图 2-54 所示的样式。选中文本框,单击"绘图工具 格式→艺术字样式→文本填充"按钮右侧的三角按钮,在展开的列表中选中"标准色:红色",如图 2-55 所示。

图 2-54　艺术字样式"其他"按钮　　　　　图 2-55　"文本填充"按钮

　　(4) 设置艺术字的文本框格式。

　　· 设置文本框大小:选中文本框,利用"绘图工具格式→大小"功能设置文本框大小,如图 2-56 所示。

　　· 设置文本框的边框:选中文本框,单击"绘图工具格式→形状样式→形状轮廓"按钮右侧的三角按钮,如图 2-57 所示,在展开的列表中选中"无轮廓"。

　　· 设置文本框的填充颜色:选中文本框,单击"绘图工具格式→形状样式→形状填充"按钮右侧的三角按钮,如图 2-57 所示,在展开的列表中选中"无填充颜色"。

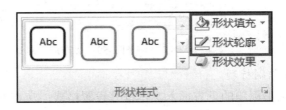

图 2-56　设置文本框大小　　　　　图 2-57　"形状填充和形状轮廓"按钮

　　· 设置文本框的内部边距和文本位置:选中文本框,首先利用"开始→段落"功能组中的工具栏设置文本左对齐；然后单击"绘图工具格式→艺术字样式"功能组右下角的对话框启动器按钮 ，打开"设置文本效果格式"对话框，参照图 2-58 所示设置文本框的内部边距和文字版式，最后关闭该对话框。

图 2-58 "设置文本效果格式"对话框

- 设置文本框在页面中的位置：选中文本框，单击"绘图工具格式→排列→位置"按钮，在展开的列表中选择"其他布局选项"，打开"布局"对话框，参照图 2-59 所示设置文本框在页面中的水平和垂直位置。

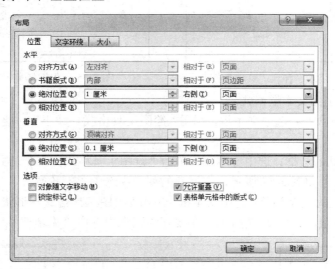

图 2-59 "布局"对话框

2) 制作副标题

(1) 在正标题的下方插入文本框并设置格式：文本框的大小为 1.7 × 10 厘米；无轮廓、无填充颜色；内部边距全部为 0 厘米。

(2) 输入文本"2016 款哈弗 H9 全新上市"，并设置其格式为：华文楷体、小一号；艺术字样式为"填充-白色，投影"；水平左对齐，垂直中部居中。

（3）调整正副标题的位置。按住 Shift 键的同时选中正标题和副标题文本框，利用"对齐"列表，设置二者相对左对齐。利用上下方向键调整副标题文本框的垂直位置，直到美观为止。

4．制作宣传单的底部联系方式部分

1）绘制底部背景

（1）单击"插入→插图→形状"按钮，在展开的列表中选择"矩形"形状，此时鼠标光标变成"十"字形状，在背景图片底部拖动鼠标画出一个任意大小的矩形。

（2）设置矩形格式。

• 设置大小：选中矩形，利用"绘图工具格式→大小"功能组，参照图 2-56 所示，设置矩形大小为 3.3×29.2 厘米。

• 设置矩形的边框：选中矩形，利用"绘图工具格式→形状样式→形状轮廓"按钮右侧的三角按钮，在展开的列表中选中"无轮廓"。

• 设置矩形的填充颜色：选中矩形，单击"绘图工具格式→形状样式→形状填充"按钮右侧的三角按钮，在展开的列表中选择"其他填充颜色"命令，打开"颜色"对话框，参照图 2-60 所示设置矩形的填充颜色。

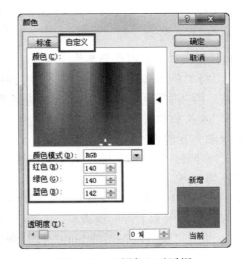

图 2-60　"颜色"对话框

• 利用"对齐"列表，设置矩形在页面中的位置：水平相对于页面左右居中，垂直相对于页面底端对齐。

2）制作公司名称文本框

（1）插入文本框并设置格式：大小为 1.2×8.3 厘米；无轮廓、无填充颜色，内部边距全部为 0 厘米。

（2）输入文本"长城汽车股份有限公司"，并设置格式：黑体、二号、深红色，加粗显示；水平左对齐，垂直中部居中。

3）制作联系方式文本框

（1）插入文本框并设置格式：大小为 2.6×7 厘米；无轮廓、无填充颜色，内部边距全部为 0 厘米。

（2）参照图 2-48，输入文本并设置格式：黑体，加粗显示；电话号码为深红色、20 号，其余文本为白色、小五号；水平左对齐，垂直中部居中。

4）制作直线分隔线

（1）单击"插入→插图→形状"按钮，在展开的列表中选择"直线"形状，鼠标光标即变成"十"字形，按住鼠标左键和 Shift 键，垂直拖动鼠标，即可画出一条竖直线。

（2）设置直线格式。

• 设置大小：选中直线，利用"绘图工具格式→大小"功能组，设置直线的长度为 2.5 厘米。

·　设置直线的形状样式：选中直线，在"绘图工具格式→形状样式"列表中选择"细线-深色 1"项，如图 2-61 所示。

图 2-61　设置直线的形状样式

·　设置直线的轮廓颜色：选中直线，单击"绘图工具格式→形状样式→形状轮廓"按钮右侧的三角按钮，在展开的列表中选择"主题颜色：白色，背景 1"项。

5) 制作二维码

(1) 制作"长城汽车微博"二维码。

·　将"单元 2\任务 3\素材"文件夹中的"长城汽车微博.bmp"图片插入文档并设置其格式：四周型环绕；锁定纵横比，缩放为 49%。

·　插入文本框并设置格式：文本框大小为 0.5 × 2.5 厘米；无轮廓、无填充颜色；内部边距全部为 0 厘米。

·　参照图 2-48 所示输入文本并设置其格式：黑体，8 号，白色、加粗显示；水平居中，垂直顶端对齐。

·　设置"长城汽车微博.bmp"图片和文本框二者的相对位置：水平方向上左右居中，垂直方向上利用上下方向键调整，直到美观为止。

·　组合"长城汽车微博.bmp"图片和文本框，并设置组合后图片的位置：水平方向距离页面右侧 19.6 厘米。

(2) 参照上述方法，制作另外两个二维码。

(3) 设置"哈弗诚信在线微信"二维码在页面中的水平位置：水平方向距离页面右侧 24.3 厘米。

(4) 同时选中制作好的 3 个二维码，利用"对齐"列表，设置三者横向分布，使三者间隔一致。

6) 调整底部联系方式各个对象的位置

(1) 按住 Shift 键的同时选中矩形、公司名称文本框、联系方式文本框、直线以及 3 个二维码，利用"对齐"列表，设置上述对象上下居中。

(2) 组合上述对象，并设置组合后的位置：水平方向上相对于页面左右居中，垂直方向上相对于页面底端对齐。

(3) 设置组合对象的层次：选择组合后的对象，单击"绘图工具格式→排列→下移一层"右侧的▼按钮，如图 2-62 所示，在展开的列表中选择"置于底层"项，如图 2-63 所示。

图 2-62　"下移一层"按钮

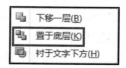

图 2-63　"置于底层"命令

5. 打印预览，修改、调整各部分格式

公司产品宣传单制作完成后，首先保存文件，然后预览宣传单的打印效果。对宣传单的整体版面设计和色彩搭配等效果进行仔细检查，合理调整各部分的格式、位置、大小、比例等，使整体版面看起来简洁大方，信息清晰，赏心悦目。

任务 4　制作公司组织结构图

⇨ 任务描述

大多数公司会有若干个部门，这些部门形成公司的组织结构。为了让公司内部及外部人士了解公司的组织结构，一般会制作出公司的组织结构图。利用 Word 2010 的 SmartArt 图形，可快速、方便地制作出复杂的公司组织结构图。现在，请你利用 Word 2010 中的 SmartArt 图形功能，制作长城汽车公司国际部的组织结构图。

⇨ 作品展示

本任务制作的公司组织结构图效果如图 2-64 所示。

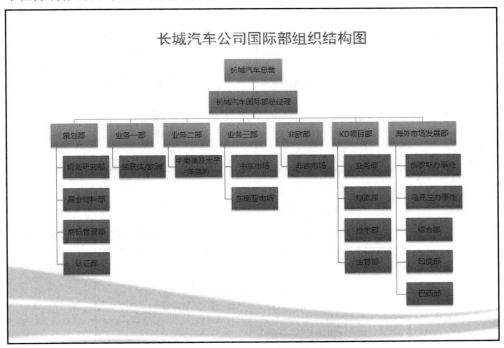

图 2-64　公司组织结构图

⇨ 任务要点

➢ 插入 SmartArt 图形。
➢ 在 SmartArt 图形中输入文本。

> ➤ 在 SmartArt 图形中添加形状。
> ➤ 更改 SmartArt 图形的颜色。
> ➤ 应用 SmartArt 样式。

⇨ **任务实施**

1. 新建文档

新建一个空白文档，并以"公司组织结构图. docx"为名保存在"单元 2\任务 4"文件夹中。

2. 页面设置

选择 A4 纸，纸张方向设置为"横向"。

3. 插入 SmartArt 图形

(1) 单击"插入"选项卡"插图"功能组中的"SmartArt"按钮，打开"选择 SmartArt 图形"对话框，单击对话框左侧栏的"层次结构"类型，然后在对话框中部区域选择"组织结构图"项，如图 2-65 所示。

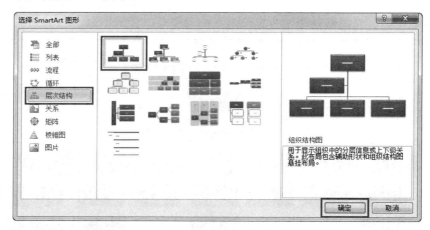

图 2-65　"选择 SmartArt 图形"对话框

(2) 单击"确定"按钮，即在文档中插入了一个组织结构图框架，如图 2-66 所示。

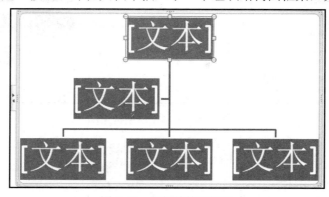

图 2-66　组织结构图框架

4. 输入文本并编辑 SmartArt 图形

(1) 单击最上方的"[文本]"占位符，输入文本"长城汽车国际部总经理"。

(2) 选中第 2 行的"[文本]"占位符，点击键盘上的"Delete"键将其删除。

(3) 按照样张依次输入"策划部""业务一部"和"业务二部"。

(4) 选中"业务二部"文本框，单击鼠标右键，在弹出的快捷菜单中选择"添加形状→在后面添加形状"项，如图 2-67 所示，并在新添加的形状中输入文本"业务三部"。

图 2-67　添加形状

(5) 用同样的方法在该形状后再添加 3 个形状，并参照图 2-64 输入相应文本。

(6) 右击"策划部"文本框，在弹出的快捷菜单中选择"添加形状→在下方添加形状"项，并输入文本。

(7) 用同样的方法为其他部门添加子机构。

(8) 右击"长城汽车国际部总经理"文本框，在弹出的快捷菜单中选择"添加形状→在上方添加形状"命令，并在新添加的形状中输入文本"长城汽车总裁"。

◇ **重点提示**

Word 2010 提供了另外一种简单的构建组织结构图的方法，在文档中插入组织结构图框架后，单击左边的隐藏菜单，如图 2-68 所示，弹出"在此处键入文字"窗口，如图 2-69 所示，然后按照顺序输入所有文本，再利用 Tab 键设置文本的级别，组织结构图的基本框架完成。

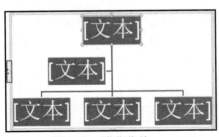

图 2-68　隐藏菜单

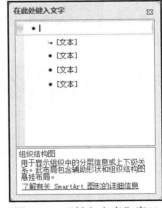

图 2-69　"键入文字"窗口

5. 调整 SmartArt 图形

(1) 在插入新形状时，系统会适时调整组织结构图的大小，使其在页面中合理布局。

(2) 调整 SmartArt 图形中个别形状的大小，使其中的文字以 1 行显示。

6. 美化 SmartArt 图形

(1) 选中 SmartArt 图形，单击"SmartArt 工具设计"选项卡上"SmartArt 样式"功能组中的"更改颜色"按钮，在展开的列表中选择"彩色范围-强调文字颜色 4 至 5"。

(2) 在"SmartArt 样式"列表中选择"中等效果"项。

7. 修饰组织结构图文档

(1) 将 SmartArt 图形所有文本的格式设置为微软雅黑、12 号，字体颜色为"白色，背景 1"。

(2) 将"单元 2\任务 4"素材文件夹中的图片"背景图.bmp"插入文档中，设置其环绕方式为"衬于文字下方"，然后将其调整为布满整个页面。

(3) 在文档的最上方中部插入一个横排文本框，输入文本"长城汽车公司国际部组织结构图"，字符格式设置为黑体、小一号，字体颜色为黑色，文字 1，淡色 35%。

8. 保存并关闭文档

至此，公司组织结构图全部制作完成。单击快速访问工具栏中的"保存"按钮，再次将文档保存。保存完成后，即可单击文档窗口右上角的"关闭"按钮关闭文档。

任务 5　制作商品出入库登记表

⇨ 任务描述

出入库登记对于公司库房管理员来说很重要，当商品送到库房时，库房管理员要做好入库记录；当库房商品被销售或者被领用时，要做好出库记录；到月末时，要对库房商品进行盘点。假设你负责公司商品的出入库登记，请你设计一份商品出入库登记表。

⇨ 作品展示

本任务制作的商品出入库登记表效果如图 2-70 所示。

一月份商品出入库登记表

仓库编号: CC1008688　　　登记人: 沈小阳

序号	日期	基本信息					本期入库		本期出库		备注
		编码	名称	规格型号	单位	单价（万）	数量	金额（万）	数量	金额（万）	
1	3/1	CC001	哈佛 H1	5 档 MT	辆	6.39	2	12.78			
2	5/1	CC004	哈佛 H1	5 档 MT	辆	5.9	2	11.8			
3	8/1	CC011	哈佛 H6	手动 6 档	辆	12.38			3	37.14	
4	11/1	CC016	长城 M2	手动 5 档	辆	7.8	4	31.2			
5	16/1	CC019	长城 M2	手动 5 档	辆	6.6			2	13.2	
6	20/1	CC021	哈佛 H7	自动 6 档	辆	15.8			3	47.4	
7	22/1	CC027	哈佛 H9	手自 6 档	辆	21			2	42	
8	26/1	CC039	风骏 6	手动 5 档	辆	8.68	6	52.08			
9	28/1	CC044	风骏 5	手动 5 档	辆	7.66	6	45.96			
10	29/1	CC049	C30	手动 5 档	辆	7.39			3	22.17	
总计							20	153.82	13	161.91	
最大值							6	52.08	3	47.4	
最小值							2	11.8	2	13.2	

图 2-70　商品出入库登记表

⇨ **任务要点**

➢ 创建表格。
➢ 调整表格：行高、列宽调整；合并或拆分单元格；插入或删除行、列等。
➢ 设置单元格格式。
➢ 美化表格：表格的边框和底纹设置等。
➢ 公式的应用。

⇨ **任务实施**

1．新建文档

新建一个空白文档，并以"商品出入库登记表.docx"为名保存在"单元 2\任务 5"文件夹中。

2．页面设置

选择 A4 纸，纸张方向设置为横向，上页边距为 1.8 厘米，下页边距为 1.5 厘米，左、右页边距均为 2.5 厘米，页眉距边界 1.8 厘米，页脚距边界 1.5 厘米。

3．新建表格

(1) 单击"插入"选项卡上"表格"功能组中的"表格"命令，在展开的列表中选择"插入表格"项，打开"插入表格"对话框，如图 2-71 所示。

图 2-71　"插入表格"对话框

(2) 在"表格尺寸"设置区将表格的"列数"设置为 11，"行数"设置为 12，单击"确定"按钮，即插入一个 12 行 11 列的表格。

(3) 单击表格左上角的表格移动控点⊞，将表格选中，再单击"开始"选项卡"段落"功能组中的"居中"按钮，使表格在页面中水平居中显示。

◇ **重点提示**

Word 2010 提供了多种建立表格的方法。创建较规范、简单的表格，一般使用"插入"选项卡上"表格"功能组中的"插入表格"命令，其操作快捷、方便，可以不受表格行数、列数的限制，是常用的创建表格的方法。

使用"插入"选项卡"表格"组中的"绘制表格"命令，可以创建不规则的表格。当表格行数和列数不是很多时，也可以单击"插入"选项卡上"表格"组中的"表格"按钮，在显示的网格中拖动鼠标，方法如图 2-72 所示。

图 2-72 快速插入表格

4. 调整表格

(1) 在表格的最后插入 3 行和 1 列。

① 选中最后 3 行，单击"表格工具布局"选项卡上"行和列"功能组中的"在下方插入"按钮，即在所选行的下方(此处也是表格的下方)插入 3 行。

② 选中最后 1 列，单击"表格工具布局"选项卡上"行和列"功能组中的"在右侧插入"按钮，即在所选列的右侧插入 1 列。

◇ **重点提示**

在表格中插入行或列时，如果选定了多行，则在选定行的上方或下方插入多行。即在指定插入位置时所选定的行(列)数，决定着插入的行(列)数。

(2) 调整行高和列宽。第 1~2 行的行高为 0.8 厘米，其余行的行高调整为 1 厘米；第 1、2 列的列宽为 1.88 厘米，其余各列为 2.08 厘米。

① 将鼠标指针移动到表格第 1 行行号的左方，待鼠标指针变为斜向上的空心箭头时，单击鼠标左键并向下拖动，选中 1、2 行。

② 在"表格工具布局"选项卡上"单元格大小"组中，将"高度"编辑框中的数值修改为 0.8，如图 2-73 所示。

③ 选中表格的 3~13 行，同样的方法将高度编辑框中的数值修改为 1。

④ 将鼠标指针移动到第 1 列列标的上方，待鼠标指针变为向下实心箭头时，按下鼠标左键并向右拖动，选中 1~2 列。

⑤ 在"表格工具布局"选项卡上的"单元格大小"组中，将"宽度"一栏中的数值修改为 1.88，如图 2-74 所示。

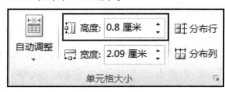

图 2-73 设置行高

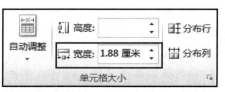

图 2-74 设置列宽

⑥ 选中表格的第3～12列，将宽度修改为2.08厘米。

(3) 参照样张合并单元格。

① 首先选中表格中第1列的第1～2个单元格。

② 单击"表格工具布局"选项卡上"合并"功能组中的"合并单元格"按钮，如图2-75所示。

③ 用同样的方法按样张合并其他单元格。

◇ **重点提示**

拆分单元格的方法：先选中需要拆分的单元格，或者将光标置于要拆分的单元格中，然后单击"表格工具 布局"选项卡上"合并"功能组中的"拆分单元格"按钮，如图2-76所示，在"拆分单元格"对话框中设置需要拆分的行数与列数，如图2-77所示。

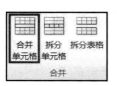  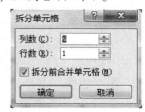

图2-75　"合并单元格"按钮　　　图2-76　"拆分单元格"按钮　　　图2-77　"拆分单元格"对话框

5. 输入内容并设置单元格格式

(1) 按照图2-78所示输入文本内容。

序号	日期	基本信息					本期入库		本期出库		备注
		编码	名称	规格型号	单位	单价(万)	数量	金额(万)	数量	金额(万)	
1	3/1	CC001	哈佛H1	5档MT	辆	6.39	2				
2	5/1	CC004	哈佛H1	5档MT	辆	5.9	2				
3	8/1	CC011	哈佛H6	手动6档	辆	12.38			3		
4	11/1	CC016	长城M2	手动5档	辆	7.8	4				
5	16/1	CC019	长城M2	手动5档	辆	6.6			2		
6	20/1	CC021	哈佛H7	自动6档	辆	15.8			3		
7	22/1	CC027	哈佛H9	手自6档	辆	21			2		
8	26/1	CC039	风骏6	手动6档	辆	8.68	6				
9	28/1	CC044	风骏5	手动5档	辆	7.66	6				
10	29/1	CC049	C30	手动5档	辆	7.39			3		
总计											
最大值											
最小值											

图2-78　输入表格内容

(2) 设置单元格格式。将文本格式设置为宋体，11号，对齐方式为中部居中对齐。

① 单击表格左上角的表格移动控点⊞，将表格选中。

② 利用"开始→字体"功能组中的工具栏进行字体设置：宋体，字号为11号。

③ 单击"表格工具布局"选项卡"对齐方式"组中的"中部居中"按钮，如图 2-79 所示。

图2-79　对齐方式中的"中部居中"按钮

6. 美化表格

1) 设置表格的边框线

(1) 将表格外部框线设置为 1.5 磅实线。

① 单击表格左上角的表格移动控点⊞，将表格选中。

② 在"表格工具设计"选项卡"绘图边框"组中，在"线型"下拉列表中选择"单实线"；在"粗细"下拉列表中选择"1.5 磅"，如图 2-80 所示。

③ 在"边框"下拉列表中选择"外侧框线"，如图 2-81 所示。

图2-80　设置边框线

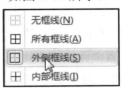

图2-81　设置外侧框线

(2) 将第 2 行和第 3 行之间的分隔线设置为 0.75 磅双实线。

① 在"表格工具设计"选项卡"绘图边框"功能组中，在"线型"下拉列表中选择"双实线"，在"粗细"下拉列表中选择"0.75 磅"。

② 单击"绘制表格"按钮，鼠标变成画笔的形状，鼠标指针变成画笔的形状，用画笔描这条分隔线，如图 2-82 所示。

2) 设置底纹

(1) 将表格第 1 行、第 2 行的底纹设置为橙色、强调文字颜色，淡色 40%。

(2) 选中第 1 行，单击"表格工具设计→表格样式→底纹"下拉箭头按钮，在展开的"选色板"中选择"橙色，强调文字颜色 6，淡色 40%"，如图 2-83 所示。

(3) 再选中第 2 行，进行相同的设置。

图2-82　用画笔描出分隔线

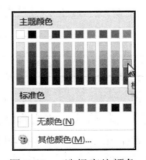

图2-83　选择底纹颜色

7. 公式计算

根据单价和数量，计算出本期入库和出库金额，并统计出最后 3 行的总计值、最大值和最小值。

◇ **重点提示**

在 Word 2010 中，我们可以利用公式对表格中的一些数据进行简单的计算。首先要明白一些概念：

① 表格：由列与行组成，列的编号从左到右以英文字母 A、B、C…表示，行的编号自上而下分别用 1、2、3…表示。

② 单元格：行与列交叉形成的方框。

③ 单元格名称：用列号和行号合在一起表示，如 A1 表示位于第一行、第一列的单元格。

④ 单元格区域：如"A1：C2"区域表示由 A1、A2、B1、B2、C1、C2 这六个单元格组成。

1) 计算本期入库的金额

(1) 将鼠标光标定位于 I3 单元格，即"本期入库"中"金额(万)"下方的第 1 个单元格。

(2) 单击"表格工具布局"选项卡"数据"功能组中的"公式"按钮，打开"公式"对话框，如图 2-84 所示，如果光标位于一行数值的右边，默认公式为"=SUM(LEFT)"，即横向求和；如果光标位于一列数据的底端，默认公式为"=SUM(ABOVE)"，即纵向求和。

图 2-84　"公式"对话框

(3) 此处，我们需要修改公式：删除 SUM(LEFT)，留下"="，输入"G3*H3"，单击"确定"按钮，即求出 G3 和 H3 的乘积，即 1 月 3 日的入库金额。

(4) 用同样方法计算 I4、I6、I10、I11 单元格的数值。其中：

I4 单元格公式为"=G4*H4"；

I6 单元格公式为"=G6*H6"；

I10 单元格公式为"=G10*H10"；

I11 单元格公式为"=G11*H11"。

(5) 用同样方法计算 K5、K7、K8、K9、K12 单元格的数值。

2) 计算"总计"行数值

(1) 将鼠标光标定位于 H13 单元格。

(2) 打开"公式"对话框，删除括号中的"ABOVE"，输入"H3:H12"，单击"确定"按钮，即求出 H3 至 H12 单元格区域的总和。

(3) 用同样方法计算 I13、J13、K13 单元格的数值。

3) 计算最大值

(1) 将鼠标光标置于 H14 单元格。

(2) 打开"公式"对话框，如果 Word 2010 提供的公式非您所需，将其从公式框删除，只留"="号，在"粘贴函数"下拉列表中选择"MAX"，在"( )"中输入"H3,H4,H6,H10,H11"(每个单元格地址之间的逗号必须是英文半角)，公式框变为"= MAX(H3,H4,H6,H10,H11)"，单击"确定"按钮，计算出本期入库量的最大值。

(3) 用同样方法计算 I14、J14、K14 单元格的数值。

4) 计算最小值

(1) 将鼠标光标置于 H15 单元格。

(2) 打开"公式"对话框，将函数 SUM(ABOVE)从公式框删除，只留"="号，在"粘贴函数"下拉列表中选择"MIN"，在"( )"中输入"H3,H4,H6,H10,H11"(每个单元格地址之间的逗号必须是英文半角)，公式框变为"= MIN(H3,H4,H6,H10,H11)"，单击"确定"按钮。

(3) 用同样方法计算 I15、J15、K15 单元格的数值。

◇ **重点提示**

如果 Word 2010 提供的公式非您所需，将其从公式框删除，只留"="号，在"粘贴函数"下拉列表中选择正确的函数，在"( )"中输入正确的单元格区域即可。

8. 完善表格

(1) 将鼠标光标定位在表格左上角第 1 个单元格中文本的左侧，按下回车键"Enter"，表格下移一行。

(2) 在空行中输入表格标题"一月份商品出入库登记表"。

(3) 再按一次回车键插入一个空行，输入文本"仓库编号：CC1008688 登记人：沈小阳"，在"登记人"左侧敲 10 个空格。

(4) 将标题的字符格式设置为宋体、18 号，加粗并居中显示。

(5) 将第 2 行文本字体设置为宋体、11 号，加粗，左对齐。

9. 保存并关闭文档

至此，商品出入库登记表全部制作完成。单击快速访问工具栏中的"保存"按钮，再次将文档保存。保存完成后，即可单击文档窗口右上角的"关闭"按钮，将文档关闭。

拓展任务 1　制作征集启事

⇨ **任务描述**

征集启事是企事业单位(包括个体工商业者及私人企事业)为了征集商标、牌名、厂名、包装、图案及文稿、广告词等，通过报纸杂志、广播电视、招贴橱窗等媒体进行宣传，以吸引消费者的兴趣的一种实用性文体。从征集内容上进行划分，可以分为：投资征集启事、商标、牌号、厂名、企业标志等征集启事，文稿、广告词征集启事等。例如，本院为了网站页面设计方案，制作了一个征集启事。

⇨ **作品展示**

本拓展任务制作的征集启事最终效果如图 2-85 所示。

保定职业技术学院网站页面设计方案征集启事

为更好地展示学院形象，学院决定对保定职业技术学院网站页面进行改版，现面向校内外对新版网站页面设计方案进行广泛征集。

一、作品要求

1、整体风格要求

（1）突出我院"笃学弘毅　经世致用"的校训精神，彰显我院办学特色和理念，体现我院悠久的办学历史和特色鲜明的职教文化；

（2）方案简洁新颖、品位高雅，美观大气，具有较强的形式美感和视觉传播效果。

2、作品格式要求

用 Photoshop 做出网站效果图：首页、二级页面、三级页面。

（1）根据主流电脑分辨率，页面宽度为 1000px，高度根据内容自动调整。

（2）网站基本元素使用和设计：为了统一学院整体形象，所有的涉及到学院的校徽标志、校名等均以学院定稿的设计为主，设计者不能随意更改颜色、字体等。

校标下载：http://www.bvtc.com.cn/new_images/tifVI.rar

3、现有栏目不变

4、应征作品均应为原创，不得抄袭。如涉及抄袭或其他侵权行为，由应征者承担一切责任。

二、征集对象

校内外专业人士均可参加，参赛者可以个人或以团队形式参加。

三、征集时间

即日起至 2015 年 9 月 1 日

四、提交方式

提交作品为 psd 格式文件，通过电子邮件发送至何老师 OA 处。

五、评审方式

学院组织专家对应征作品进行评选，选中作品奖励 3000 元。

六、版权说明

1、应征者对提交作品的所有内容负版权责任。若有剽窃行为，将撤销其资格并做出相应处理。若因剽窃应为引发法律纠纷，由应征者自行处理并承担责任。

2、作品一旦录用，版权归学院所有。

如需要相关设计材料，请联系党委宣传部。

请有意者踊跃参加。

图 2-85　征集启事

⇨ 任务要点

➢ 新建文档并设置文档的页面布局。
➢ 输入并编辑文本内容。
➢ 设置文档的字符格式和段落格式。
➢ 设置超链接。
➢ 插入与编辑图形。
➢ 编辑艺术字形状。
➢ 设置文本转换效果。
➢ 设置字符间距。
➢ 保存并关闭文档。

⇨ 任务实施

1. 新建文档并保存

新建一空白文档，将其以"征集启事"为名保存在"单元2\任务1"文件夹中。

2. 页面设置

设置文档的纸张大小为A4，上下页边距为2厘米，左右页边距为3厘米。

3. 输入文本内容

参照图2-85所示，输入文本内容。

4. 基本编辑

(1) 设置文档标题为黑体、小二、黑色、加粗显示；段前段后0.5行，2倍行距，居中对齐。

(2) 设置一级标题为宋体、小四、加粗；首行缩进2字符，1.25倍行距。

(3) 设置"校标下载"文本为宋体、小四、"标准色-深蓝"；显示超链接；首行缩进2字符，1.25倍行距。

(4) 设置"署名"和"日期"为宋体、小四，右对齐；1.25倍行距；"日期"右缩进0.3字符。

(5) 设置其余文本为宋体、五号；首行缩进2字符，1.25倍行距。

5. 制作公章

1) 绘制圆形

(1) 单击"插入→插图→形状"按钮，如图2-86所示，在展开的列表中选择"基本形状→椭圆"项，鼠标光标即变成"十"字形，按住"Shift"键的同时在页面底部按住鼠标左键并拖动，即可绘制一个正圆形。

(2) 设置圆形格式。

• 设置圆形的大小：选中圆形，利用"绘图工具格式"选项卡中的功能组精确设置圆形大小，如图2-87所示。

图 2-86　"形状"按钮　　　　　　图 2-87　设置圆形的大小

• 设置圆形的边框：选中圆形，单击"绘图工具格式→形状样式→形状填充"按钮右侧的三角按钮，如图 2-88 所示，在展开的列表中选择"标准色-红色"。

• 设置圆形的填充颜色：选中圆形，单击"绘图工具格式→形状样式→形状填充"按钮右侧的三角按钮，如图 2-88 所示，在展开的列表中选择"无填充颜色"。

2) 插入艺术字并编辑

(1) 选择艺术字样式并输入文本。

• 单击"插入→文本→艺术字"按钮，如图 2-89 所示，在展开的列表中选择"填充-茶色，文本 2，轮廓-背景 2"样式，页面中即出现一个文本框，在其中输入学院名称。

• 参照设置圆形大小的方法，设置艺术字文本框的高为 3.5 厘米，宽为 3.5 厘米。

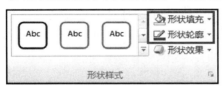

图 2-88　"形状填充和形状轮廓"按钮　　　图 2-89　"艺术字"按钮

(2) 设置艺术字的格式。

• 单击文本框边框选中文本框，利用"字体"功能组中的"清除格式"按钮，如图 2-90 所示，清除格式，然后重新设置其字符格式：宋体、二号、红色、加粗显示。

• 加宽字符间距：选中文本框，打开"字体"对话框，在"高级"选项卡按照图 2-91 所示进行设置。

图 2-90　"清除格式"按钮　　　　　图 2-91　设置字符间距

• 设置文本效果：选中文本框，单击"绘图工具格式→艺术字样式→文本效果"按钮，如图 2-92 所示，在展开的列表中选择"转换-跟随路径-圆"项，如图 2-93 所示。

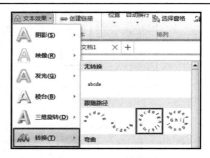

图 2-92　"文本效果"按钮　　　　　　　　图 2-93　设置转换效果

· 设置旋转效果。选中文本框，单击"绘图工具格式→排列→旋转"按钮，如图 2-94 所示，在展开的列表中选择"向左旋转 90°（L）"项。

图 2-94　设置旋转效果

参照样文，利用键盘上的方向键大致调整艺术字和圆形的位置，使之美观。

3）绘制五角星

（1）单击"插入→插图→形状"按钮，在展开的列表中选择"星与旗帜→五角星"项，鼠标光标即变成"十"字形状，在页面底部按住鼠标左键并拖动，即绘制一个五角星。

（2）设置五角星格式。

· 设置大小：高 0.76 厘米，宽 0.76 厘米。

· 设置五角星的边框颜色为"无轮廓"；填充颜色为"标准色-红色"。

4）设置多个对象的对齐方式

（1）按住"Shift"键，同时选中圆形和艺术字，单击"绘图工具格式→排列→对齐"按钮，如图 2-95 所示，在展开的列表中选择"对齐所选对象-左右居中项，如图 2-96 所示。

图 2-95　"对齐"按钮

图 2-96　设置对象左右居中

（2）利用键盘上的上下方向键调整艺术字和圆形的位置至美观为止，然后单击"绘图工具格式→排列→组合"按钮，如图 2-97 所示，在展开的列表中选择"组合"项，将艺术字和圆形组合为一个对象。

（3）同时选中组合后的对象和五角星，单击"绘图工具格式→排列→对齐"按钮，如图 2-95 所示，设置对象左右居中、上下居中；再组合对象和五角星。这样，公章制作完毕。

5）设置公章的环绕方式

选中制作好的公章，单击"绘图工具格式→排列→自动换行"按钮，在展开的列表中选择"浮于文字上方"项，如图 2-98 所示，然后调整公章位置到"署名"和"日期"上部，直到美观为止。

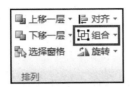

图 2-97　"组合"按钮

图 2-98　设置对象的环绕方式

6. 打印预览并保存

打印预览文档，如有问题返回调整；若没有问题，则再次保存文档。

拓展任务 2　制作市场调查问卷

⇨ **任务描述**

市场调查问卷是用科学的方法系统地搜集、记录、整理和分析有关市场的信息资料，从而了解市场发展变化的现状和趋势，为企业经营决策、广告策划、广告写作提供科学的依据。调查问卷主要包括标题、前言、问卷指导和问题四部分。

⇨ **作品展示**

本拓展任务是关于工程项目管理的一个调查问卷，最终效果如图 2-99 所示。用户可以根据效果图制作本任务，也可以根据自己的专业或自己想了解的信息，制作一份调查问卷。

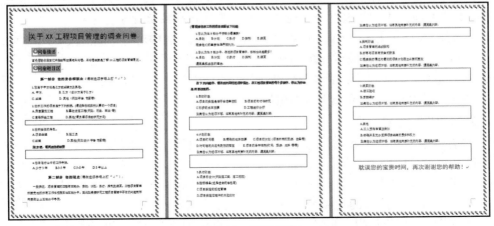

图 2-99　调查问卷

⇨ 任务要点

> ➤ 新建文档并设置文档的页面布局。
> ➤ 输入并编辑文本内容。
> ➤ 设置文档的字符格式和段落格式。
> ➤ 设置边框和底纹。
> ➤ 添加自定义的项目符号。
> ➤ 保存并关闭文档。

⇨ 任务实施

1. 新建文档并保存

新建一空白文档，将其以"市场调查问卷"为名保存在"单元 2\任务 2"文件夹中。

2. 页面设置

设置文档的纸张大小为 A4，上下左右页边距均为 3 厘米。

3. 输入文本内容

按图 2-99 所示输入文本，或直接打开"单元 2\任务 2\市场调查问卷(素材)"文档进行操作。

4. 基本编辑

(1) 设置第 1 行的格式：黑体、一号，居中对齐，段前段后间距为 1 行。

(2) 设置"问卷描述"和"问卷题目区"的格式：方正小标宋简体、三号，段前段后 0.5 行。

◇ 重点提示

方正小标宋简体需要安装字体管家。

(3) 设置除第 1、2、4、5、18 行及最后一行外所有的行首行缩进 2 个字符。

◇ 重点提示

为方便选取相应的行，可单击"页面布局→页面设置→版式→行号"按钮，在打开的对话框选中"添加行号"复选框和"连续编号"单选钮来显示行号。

(4) 设置第 5 行和第 18 行文本的格式：宋体、小四，居中对齐，段前段后间距为 1 行。

(5) 设置每道题的题目段前间距为 0.5 行，将答题选项所在行左缩进 2 个字符。

(6) 设置最后一行文本为：黑体、二号、紫色、居中对齐，设置其余文本：宋体、五号。

(7) 参照图 2-99，设置部分文本加粗显示。

5. 添加边框和底纹

(1) 设置标题的边框和底纹：边框为 1.5 磅绿色双线，底纹填充浅绿色，图案样式为 5%的绿色。应用范围均为段落。

(2) 设置"问卷描述"和"问卷题目区"的边框和底纹：边框为 1.5 磅绿色双线，底纹填充橙色，图案样式为 5%的浅绿色。应用范围均为文字。

(3) 参照图 2-99，添加相应的空行，并为空行段落添加外侧框线，为相应段落添加下划线。

(4) 设置页面边框为 15 磅宽的艺术型。

6. 添加自定义项目符号

(1) 为"问卷描述"和"问卷题目区"所在段落添加如图 2-99 所示的项目符号。

(2) 设置项目符号为红色、三号、加粗显示。

◇ **重点提示**

自定义项目符号的添加和格式设置可利用"定义新项目符号"对话框来完成，方法为：选择"开始→段落→项目符号→定义新项目符号"项，然后在打开的"定义新项目符号"对话框进行设置。

7. 打印预览并保存

打印预览文档，如有问题返回调整；若没有问题，则再次保存文档。

拓展任务 3　制作房屋户型图宣传页

⇨ **任务描述**

户型图宣传页是房地产公司对所销售楼盘或开发楼盘的户型结构、面积和特点最直观的展示，是一个效果示意图。

⇨ **作品展示**

本拓展任务的房屋户型图宣传页最终效果如图 2-100 所示。

图 2-100　户型图宣传页

⇨ **任务要点**

> ➢ 图形的绘制、移动与缩放。
> ➢ 设置图形的颜色、填充和版式。
> ➢ 插入图片、艺术字并进行编辑操作。
> ➢ 文本框的使用。
> ➢ 多个对象的对齐、组合与层次操作。
> ➢ 保存并关闭文档。

⇨ **任务实施**

1. 新建文档并保存

新建一空白文档并保存(本任务不提供效果文档，用户可发挥自己的想象力进行设计)。

2. 页面设置

设置文档纸张大小为 A4，上边距 3 厘米，下边距 2.5 厘米，左右边距分别为 2.2 厘米；页眉距边界 1.8 厘米，页脚距边界 1.5 厘米。

3. 户型图上部区域的制作

1) 插入徽标图片并编辑(徽标图片可从网上下载)

(1) 版式：四周型。

(2) 大小：锁定纵横比，90%(或根据自己下载图片的实际情况来调整缩放比例)。

2) 插入文本框并编辑

(1) 大小：高度设置为 1.7 厘米，宽度为 2.2 厘米。

(2) 无填充颜色、无线条颜色。

(3) 内部边距：上、下、左、右均为 0 厘米。

(4) 输入"心字"文本并设置其格式：黑体、一号、加粗、浅蓝色，居中。

3) 绘制圆形并编辑

(1) 大小：高度和宽度均为 0.25 厘米。

(2) 填充颜色为"浅蓝"，线条为"无线条颜色"。

4) 插入艺术字

(1) 艺术字样式：填充-水绿色，透明强调文字颜色 5，浅色棱台。

(2) 输入"明珠苑"文本并设置其格式为宋体、24 号。

(3) 设置艺术字文本填充"浅蓝"色，线条为 0.75 磅水绿色实线。

(4) 艺术字转换效果：倒 V 形。

(5) 阴影样式：右上斜偏移。

(6) 设置艺术字版式为"四周型环绕"。

5) 对齐并组合

(1) 分别调整文本框、圆形、艺术字等 3 个对象的水平位置，至满意为止。

(2) 按下"Shift"键，将 3 个对象"上下居中"、"横向分布"并组合。

(3) 再同时选中徽标和组合后的对象，用上述方法将这两个对象"垂直底端"对齐，并组合在一起。

6) 制作水平、垂直线条

(1) 选中"视图→显示→网格线"复选框，在文档中显示水平网格线。

(2) 按下"Shift"键，依据水平网格线的宽度，参照图 2-100，在合适位置拖动鼠标画出长水平线。同理，再画出一条短水平线。

(3) 设置长水平线为 3 磅黑色双线。将两条水平线右对齐。

(4) 依据短水平线的位置画出合适的垂直线条。此时，可单击"视图→显示→网格线"复选框，取消网格线的显示。

(5) 设置短水平线、垂直线条为 1.5 磅"细线-深色-1"。

7) 制作"楼号"和"户型"区域

(1) 制作正方形：设置正方形为 3.2 × 3.2 厘米，无填充色、无线条颜色。

(2) 在正方形中输入"15 号楼"文本，在第 2 行输入"A 户型"文本，设置文本为水平居中，行距为固定值 35 磅。

(3) 将"15"和"A"文本设置为宋体、一号、加粗。将"号楼"和"户型"文本设置为宋体、小四，用鼠标将正方形拖到页面的合适位置。

对以上所有对象进行组合操作。

4. 户型图中部区域的制作

1) 插入户型图

(1) 从网上下载一张户型图图片，然后将其插入到文档中。

(2) 设置图片格式：四周型环绕，锁定纵横比，设置高度为 95%(可根据图片的实际情况来调整)，水平居中。

(3) 若图片位置不合适，可调整户型图图片在页面上的垂直位置，直到满意为止。

2) 插入文本框

(1) 文本框高度 2.7 厘米、宽度 10 厘米，填充背景为绿叶图片，无线条颜色，相对于页边距左右居中。

(2) 按图 2-100 所示输入户型图的介绍文本，并设置水平居中；标题为宋体、小四、加粗；其他文本为宋体、五号；最后一段文本首行缩进 2 个字符。

(3) 设置文本框环绕方式为"四周型环绕"。

(4) 调整文本框在页面的垂直位置，直到满意为止。

将户型图和文本框组合。

5. 户型图下部区域的制作

按照图 2-100 所示画出两条 1 磅水平线；利用文本框在两条水平线中间输入文本，设置其格式为宋体、五号；将户型图下部区域的对象组合。

6. 整体版面设置

利用矩形，为整个户型图添加一个外边框；然后将页面中的所有对象组合，并设置此对象相对于页面水平居中、垂直居中。

7. 打印预览并保存

打印预览文档，如有问题返回调整；没有问题，则再次保存文档。

拓展任务 4　制作课程表

⇨ **任务描述**

对于每个学生来说，都要用到课程表。上课的前一天晚上看看课程表，对第二天的课程安排做到心中有数，从而能更好地做好计划，充分利用时间。现在，请你设计一张课程表。

⇨ **作品展示**

本拓展任务制作的课程表效果如图 2-101 所示。在实际制作过程中，可以根据课程表内容和个人喜好制作，这里只是给出一个直观例子，仅供大家参考。

星期 时间		星期一	星期二	星期三	星期四	星期五
上午	1-2 节	数学	语文	计算机	外语	音乐
	3-4 节	语文	体育	外语	数学	语文
下午	5-6 节	政治	自习	数学	政治	体育
	7-8 节	周会	自习	音乐	自习	体育
晚自习	9-10 节		选修			

图 2-101　课程表

⇨ **任务要点**

➢ 创建表格。
➢ 调整表格：调整表格的行高、列宽；合并或拆分单元格；插入或删除行、列。
➢ 设置单元格格式。
➢ 美化表格：设置表格的边框和底纹等。

⇨ **任务实施**

1. 新建表格

(1) 新建一个 Word 文档。
(2) 在文档中创建一个 5 行 6 列的表格。

2．调整表格

(1) 插入行、列：任意插入 2 行、1 列，使其变成 7×7 的表格。

(2) 调整行高：第 1 行固定值 2 厘米，第 4 行固定值 0.2 厘米，其余各行均为固定值 1 厘米。

(3) 设置列宽：第 2 列 2.8 厘米，其余各列为 2 厘米。

(4) 表格在页面中水平居中。按照图 2-101 所示合并、拆分相应单元格。

3．编辑单元格

(1) 按照图 2-101 所示输入文本并设置其格式：宋体、小五。

(2) 文本对齐：星期一、三设置为靠上居中；星期二、四设置为水平居中、垂直居中；星期五设置为靠下居中。上午、下午设置为文字竖排，水平居中、垂直居中。其余全部设置为水平居中、垂直居中。

4．美化表格

(1) 添充颜色：第 1 行填充"白色，背景 1，深色 15%"；"午别、节次"单元格区域设置为"白色，背景 1，深色 25%"；"选修"单元格设置为黄色。第 4 行填充为"水绿色，强调文字颜色 5，淡色 60%"。

(2) 在左上角单元格内添加 0.75 磅斜线，并输入文本"星期"和"时间"。星期：右对齐；时间：左对齐。

(3) 设置表格粗线：1.5 磅深红色上粗下细型。

单元 3　职业生涯规划文档制作

⇨ **情景导入**

　　职业生涯规划，对大学生而言，就是在自我认知的基础上，根据自己的专业特长、知识结构，结合社会环境与市场环境，对将来要从事的职业以及要达到的职业目标所做的方向性的方案。通过对自己职业生涯的规划，大学生可以尽早确定自己的职业目标，选择自己职业发展的地域范围，把握自己的职业定位，保持平稳和正常的心态，按照自己的目标和理想有条不紊、循序渐进地努力。因此，职业生涯规划具有特别重要的意义。现在，请你制定一份自己的职业生涯规划。

⇨ **学习要点**

➢ 掌握大学生职业生涯规划文档的撰写方法和技巧。
➢ 学会利用图文混排技术设计制作职业生涯规划封面。
➢ 学会简单的 Word 长文档编排方法。

任务 1　制作职业生涯规划文档封面

⇨ **任务描述**

　　制作职业生涯规划书，首先需要设计一个封面，通过封面，不仅可以获取规划者的个人信息，还能看出规划者的个人风格和审美。

　　本任务中，你可以根据自己的喜好和想象力，利用图文混排技术，设计并制作出符合自己职业生涯规划的封面。

⇨ **作品展示**

　　本任务制作的职业生涯规划文档封面效果如图 3-1 所示。

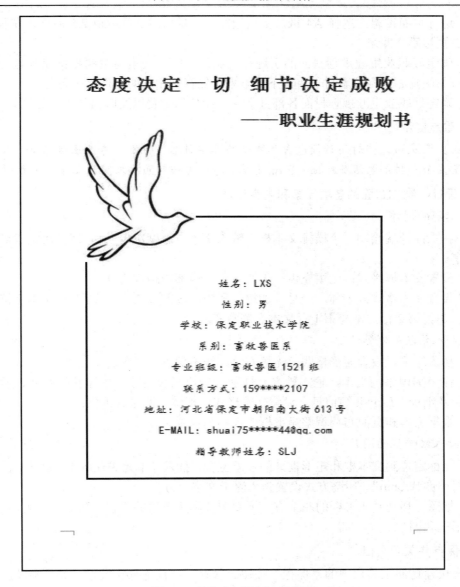

图 3-1　职业生涯规划文档封面

⇨ **任务要点**

➢ 插入文本框、图片、图形并进行格式设置。
➢ 为文本框、图形添加文本。

⇨ **任务实施**

1. 准备工作

(1) 新建一个空白文档，并以"职业生涯规划文档封面.docx"为名保存在"单元 3\任务 1"文件夹中。

（2）进行页面设置：选择 A4 纸，上页边距 2.5 厘米，下页边距 2.5 厘米，左页边距 3 厘米，右页边距 2 厘米。

（3）确定好职业生涯规划封面的主题和色调。从网上搜索与主题相符或者与文字表达寓意相符的图片、图标等素材，将其下载下来，保存到相应的文件夹中备用。

（4）确定好职业生涯规划封面各部分文字、图片的位置以及版面的整体结构。

◇ **重点提示**

职业生涯规划文档封面必须包含参赛者的真实姓名、性别、专业班级名称、指导教师姓名、学生个人联系电话及地址、E-mail 等信息；文档封面要求简洁大方，可参照图 3-1。

2. 设计、制作封面的各项元素和内容设计

1）标题的制作

（1）在页面顶端绘制一个横排文本框，输入文本：**态度决定一切 细节决定成败职业生涯规划书**。

（2）设置文本框格式：无填充色、无线条色；内部边距都为 0。

（3）设置文本格式：宋体、一号、加粗；居中，段前距 1 行；第 1 行文本字符间距加宽 4 磅；调整第 2 行文本与第 1 行文本右侧对齐。

2）个人信息的制作

（1）插入矩形，设置矩形格式为无填充色、线条颜色为黑色。

（2）在矩形内添加文本，输入姓名、性别、专业班级名称、指导教师姓名、学生个人联系电话及地址、E-mail 等信息。设置文本格式：楷体、四号、黑色；居中。

（3）根据文本和页面布局调整矩形框的大小和位置。

3）插入修饰性的图片

（1）光标定位到文本框和矩形框外的任意位置，插入"单元 3\任务 1"素材文件夹中的图片"封面图片.bmp"，环绕方式设置为"浮于文字上方"。

（2）把图片移动到矩形框的左上方。调整图片和矩形框的位置，防止文本被图片覆盖。组合矩形框和图片。

3. 保存并关闭文档

单击快速访问工具栏中的"保存"按钮。保存后，预览打印效果，如果不满意，进行修改、调整，直到满意为止将文档保存。

任务 2 职业生涯规划文档正文文本编排

⇨ **任务描述**

职业生涯规划是对个人职业发展道路进行选择和设计的过程，规划的内容和结果应该在规划过程中形成文字性的方案，以便理顺规划的思路，提供操作指引，随时评估与修正。

本任务中，首先，请结合自己的专业和爱好，撰写一份职业生涯规划文档，规划书要彰显自己的个性与特色；然后利用 Word 的长文档排版技术对职业生涯规划文档的格式进行快速排版。

⇨ 作品展示

本任务制作的职业生涯规划文档编排效果如图 3-2 所示。

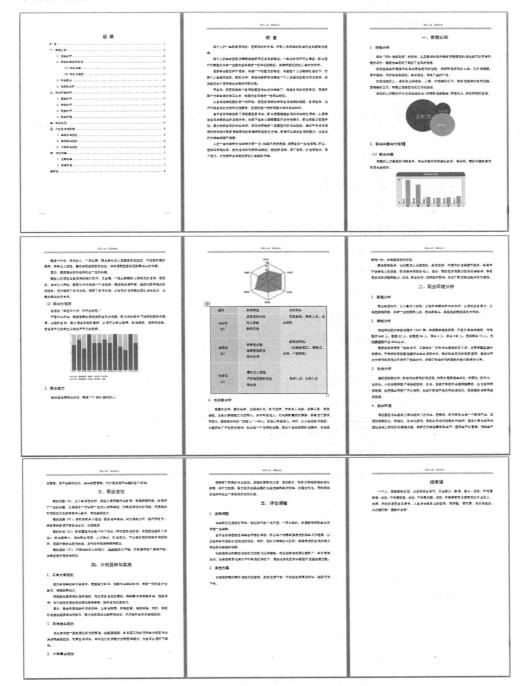

图 3-2　职业生涯规划文档参考

⇨ 任务要点

> ➢ 利用样式快速设置文档格式。
> ➢ 为文档设置页眉和页脚。
> ➢ 为文档自动提取目录。

⇨ 任务实施

1. 新建文档

新建一个空白文档，并以"职业生涯规划文档正文.docx"为名保存在"单元 3\任务 2"文件夹中。

2. 页面设置

选择 A4 纸，上页边距 2.5 厘米，下页边距 2.5 厘米，左页边距 3 厘米，右页边距 2 厘米。页眉距边界 2.5 厘米，页脚距边界 1.8 厘米。

3. 撰写职业生涯规划文档

职业生涯规划文档内容必须包含：前言、自我认知、职业认知、职业决策、计划与路径、自我监控、结束语等基本内容，可参考职业生涯规划教材或上网学习完成。全文要求字体统一，内容力求简洁实用。

4. 使用样式设置职业生涯规划文档格式

以本书提供的职业生涯规划文档正文为例：

1) 应用系统内置样式

① 将光标定位到标题段落"前言"中，然后单击"开始"选项卡"样式"功能项组中的"标题 1"项，如图 3-3 所示。

图 3-3 应用"标题 1"样式

② 用同样的方法对文档中带有编号"一、"到"五、"的段落和"结束语"所在段落应用"标题 1"样式。

2) 修改样式

(1) 单击"样式"功能组右下角的对话框启动器按钮 ，打开"样式"任务窗格，如图 3-4 所示，右键单击要修改的样式名"标题 1"，在弹出的快捷菜单中选择"修改"命令，打开"修改样式"对话框，如图 3-5 所示。

(2) 分别在"格式"设置区的"字体"和"字号"下拉列表中选择"黑体"和"三号"，去掉"加粗"按钮，再单击"居中对齐"按钮。

(3) 单击"修改样式"对话框左下角的"格式"按钮，在展开的列表中选择"段落"命令，打开"段落"对话框，设置段前距 0.5 行，段后距 0.5 行，单倍行距，再单击"确定"

按钮。

(4) 在"修改样式"对话框中选中"自动更新"复选框(选中"自动更新",以后应用该样式的段落会自动更新样式),单击"确定"按钮,所有应用"标题 1"样式的段落就都自动更新为新样式了。

图 3-4　"样式"任务窗格

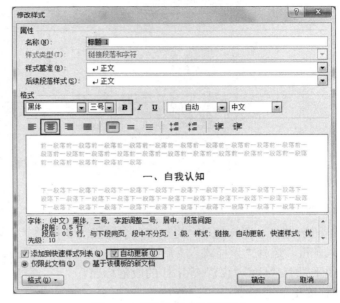

图 3-5　"修改样式"对话框

3) 自定义样式——新标题 2

(1) 将光标定位于文档中带"1."字样的段落,然后单击"样式"功能组右下角的对话框启动器按钮 ,打开"样式"任务窗格。

(2) 单击窗格左下角的"新建样式"按钮,如图 3-6 所示,打开"根据格式设置创建新样式"对话框,如图 3-7 所示。在"名称"编辑框中输入新样式名称,如"新标题 2";在"样式类型"下拉列表中选择样式类型,如"段落";在"样式基准"下拉列表中选择一个作为创建基准的样式,表

图 3-6　"新建样式"按钮

示新样式中未定义的段落格式与字符格式均与其相同,这里我们选择"无样式";在"后续段落样式"下拉列表框中设置应用该样式的段落后面新建段落的缺省样式,这里我们选择"正文",如图 3-7 所示。

(3) 在"格式"设置区内设置样式的字符格式,黑体、四号。

(4) 单击对话框左下角的"格式"按钮,在展开的列表中选择"段落"命令,打开段落对话框,设置"大纲级别"为 2 级,设置段前距 0.5 行,段后距 0.5 行,行距为单倍行距。

(5) 单击两次"确定"按钮。此时,在"样式"组中和"样式"任务窗格都将显示新创建的样式"新标题 2"。

(6) 光标分别定位于带有"1.""2.""3."等字样的段落标题,单击"样式"组中或"样式"任务窗格中新创建的样式"新标题 2",应用该样式。

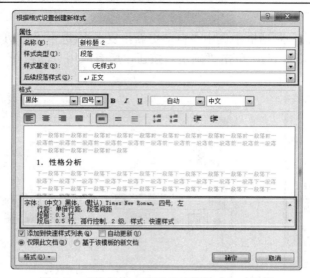

图 3-7　"根据格式设置创建新样式"对话框

4) 自定义样式——新标题 3

参照自定义"新标题 2"的方法，自定义"新标题 3"样式，"样式类型"为"段落"，"样式基准"选择"无样式"，"后续段落样式"选择"正文"，黑体、四号、大纲级别 3 级，并应用于带有"(1)""(2)"等字样的段落标题。

5) 修改正文样式

右击"正文"样式，在弹出的快捷菜单中选择"修改"命令，打开"修改样式"对话框，修改字符格式为宋体、小四，修改段落格式为首行缩进 2 字符，1.5 倍行距。

6) 自定义样式——图片

参照自定义"新标题 2"的方法，自定义"图片"样式，"样式基准"选择"无样式"，"后续段落样式"选择"正文"，居中、无缩进、段前距和段后距均为 6 磅，并应用于文档中的所有图片。

5. 插入目录页

光标定位于"前言"两个字的前边，单击"页面布局"选项卡"分隔符"(如图 3-8 所示)下拉菜单中的"分节符→下一页"命令，如图 3-9 所示，此时封面页和前言页之间插入了一个空白页。(利用分节符插入空白页的方法是为了实现不同节之间页眉和页脚不同，第 7 步中将介绍)

图 3-8　"分隔符"按钮

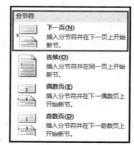

图 3-9　"分节符-下一页"命令框

6. 设置页眉和页脚

在文档中插入页眉页脚时，所有页都会出现页眉和页脚，但是一般情况下，文档的封面和目录页是不设页眉和页脚的，那么如何实现呢？我们在插入目录页时，在前言页的前面插入了一个分节符，这样就把封面、目录页和前言页之后的所有页分成了两大节，通过取消后一节与前一节之间的链接即可实现，方法如下：

(1) 单击"插入"选项卡上"页眉和页脚"功能组中的"页眉"按钮，在展开的列表中选择页眉样式，这里我们选择"空白"；进入页眉和页脚的编辑状态，并在页眉处显示选择的页眉。

(2) 光标定位到"前言"页顶部的"键入文字"文本框处，然后单击"页眉和页脚工具 设计"选项卡"导航"组中的"链接到前一条页眉"按钮，如图 3-10 所示，取消其余前一条页眉的链接，接着输入文本"规划人生 展望未来"。

图 3-10　"链接到前一条页眉"按钮

(3) 设置页眉下边框线为上细下粗型、1.5 磅。

(4) 然后单击"页眉和页脚工具 设计"选项卡"导航"组中的"转至页脚"按钮，此时光标定位到页脚处。

(5) 单击"页眉和页脚工具 设计"选项卡"导航"组中的"链接到前一条页眉"按钮，取消其余前一条页脚的链接。

(6) 单击"页眉页脚"组中的"页码"按钮，从弹出的下拉列表中选择添加页码的位置，如"页面底端"，如图 3-11 所示，再选择页码类型，如"普通数字 2"，此时可以看到文档从"前言"页 1 开始编排页码。(如果不是从 1 开始编码，要重新设置页码格式。在"页码"列表中选择"设置页码格式"命令，如图 3-11 所示，打开"页码格式"对话框，设置"起始页码"为 1，如图 3-12 所示。

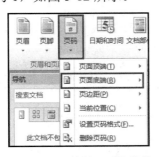

图 3-11　"页码"下拉菜单

图 3-12　"页码格式"对话框

(7) 把封面和目录页页眉处的横线删除(选中横线，设置为无边框线即可)。单击"页眉和页脚工具 设计"选项卡"关闭"功能组中的"关闭页眉和页脚"按钮，退出页眉和页脚的编辑状态。

7. 自动提取目录

(1) 输入"目录"两个字，字间空一格，黑体、三号、居中对齐。

(2) 光标定位到第 2 行，保证第 2 行文本为正文格式。

(3) 单击"引用"选项卡上"目录"功能组中的"目录"按钮，如图 3-13 所示，在展开的列表中选择一种目录样式，如"插入目录"命令。

(4) 打开"目录"对话框，"格式"为默认的"来自模板"，在"显示级别"下拉列表中选择"3"，单击"确定"按钮，如图 3-14 所示。此时，文档中 3 级及以上的标题，以及标题所在的页码，都会显示在目录中。

(5) 设置目录字体为五号。

图 3-13 "目录"按钮

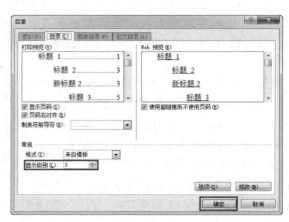

图 3-14 "目录"对话框

8. 保存并关闭文档

单击快速访问工具栏中的"保存"按钮，将文档保存。保存完成后，即可单击文档窗口右上角的"关闭"按钮，将文档关闭。

单元 4　Excel 2010 电子表格制作技术

Excel 2010 中文版是美国 Microsoft 公司推出的电子表格制作软件，是办公自动化套装软件 Office 2010 家族中的重要组成部分。它具有强大的数据管理和丰富的图形处理功能，不仅能对表格中的数据进行各种复杂的计算，还能将表格中的数据以图形、图表的形式表现出来，以便更好地分析和管理数据。

⇨ 情景导入

本单元中，通过制作员工基本信息表，学习在 Excel 2010 中录入数据、格式化工作表、美化工作表的方法；通过制作应发工资表，主要学习公式与函数的使用方法；通过分析应发工资数据，学习在 Excel 2010 中对数据进行排序、分类汇总、建立图表、筛选、建立数据透视表等方法。

⇨ 学习要点

> 学会 Excel 工作簿、工作表、单元格的基本操作。
> 能熟练利用常规方法和快速录入方法录入数据。
> 学会对工作表进行格式化和美化。
> 能正确地利用公式和函数对表格中的数据进行计算。
> 学会对工作表数据进行排序、分类汇总、建立图表、筛选和建立数据透视表等方法。

任务 1　制作公司员工基本信息表

⇨ 任务描述

为方便员工管理，公司一般会建立员工基本信息表，包括员工工号、姓名、身份证号码、性别等信息。小王决定使用 Excel 2010 来统计员工基本信息，首先需要在工作表中录入这些数据，然后通过设置边框和底纹来美化工作表。

⇨ 作品展示

图 4-1 是公司员工基本信息表，本任务是将图中的数据录入到工作表中，并对工作表进行格式化。

	A	B	C	D	E	F	G	H	I	J	K
1	员工基本信息表										
2	序号	工号	姓名	身份证号码	性别	车间	员工性质	工种	技术等级	工作日期	工龄
3	1	0001	张晨辉	130637197011050016	男	一车间	正式员工	组长	二级工	2001/08/15	17
4	2	0002	曾冠琛	130603197212092110	男	一车间	正式员工	车间主任	三级工	2004/09/07	14
5	3	0003	关俊民	130600197512182437	男	一车间	正式员工	其他	一级工	2001/12/06	17
6	4	0004	曾丝华	14020319860405432x	女	一车间	试用期员工	其他	普通工	2010/01/16	8
7	5	0005	张辰哲	130636197305238615	男	一车间	试用期员工	其他	普通工	2002/02/10	16
8	6	0006	孙娜	130625199302230423	女	一车间	正式员工	其他	普通工	2014/03/10	4
9	7	0007	丁怡瑾	130634197108230922	女	二车间	正式员工	车间主任	三级工	2003/04/08	15
10	8	0008	蔡少娜	130634197102020921	女	二车间	正式员工	组长	三级工	2003/05/08	15
11	9	0009	吴小杰	13063219750404062x	男	二车间	试用期员工	其他	普通工	2003/06/07	15
12	10	0010	肖羽雅	130638199009108521	女	二车间	正式员工	其他	二级工	2014/07/09	4
13	11	0011	甘晓聪	130622198506217024	男	二车间	正式员工	其他	一级工	2009/08/11	9
14	12	0012	齐萌	130630198806060023	女	二车间	正式员工	其他	二级工	2010/09/04	8
15	13	0013	郑洁	130633197107055276	男	二车间	正式员工	其他	二级工	2004/12/07	14
16	14	0014	陈芳芳	130621198307297525	女	三车间	试用期员工	其他	普通工	2007/01/09	11
17	15	0015	韩世伟	130624197008212850	女	三车间	正式员工	其他	三级工	2004/02/11	14
18	16	0016	郭玉函	130622197502147823	女	三车间	正式员工	车间主任	三级工	2002/03/04	16
19	17	0017	何军	130638198906096510	男	三车间	试用期员工	其他	普通工	2010/04/13	8
20	18	0018	郑丽君	130625197511234322	女	三车间	正式员工	组长	二级工	2002/05/07	16
21	19	0019	罗益美	130681198106111046	女	三车间	正式员工	其他	普通工	2005/06/11	13
22	20	0020	张天阳	130602197807283658	男	三车间	试用期员工	其他	普通工	2003/07/03	15

图 4-1　员工基本信息表效果图

⇨ 任务要点

➢ 启动 Excel 2010，新建工作簿、工作表。
➢ 利用常规方法和快速录入方法录入数据。
➢ 格式化工作表：设置行高、列宽；添加边框和底纹。
➢ 利用条件格式突出显示工作表数据。
➢ 进行打印设置。
➢ 保存工作簿，关闭退出 Excel 2010。

⇨ 任务实施

1. 新建工作簿并保存

(1) 单击"开始→所有程序→Microsoft Office→Microsoft Office Excel 2010"命令启动 Excel 2010 应用程序。

(2) 系统自动建立一个名称为"工作簿 1"的工作簿文件。

(3) 将"工作簿 1"以"员工工资管理.xlsx"为名保存在"单元 4"文件夹中。

2. 重命名工作表

重命名"Sheet1"工作表，名称为：员工基本信息表。

右键单击"Sheet1"工作表标签，在弹出的快捷菜单中选择"重命名"选项，输入工作表名称"员工基本信息表"，按回车键即可。

◇ **重点提示**

工作表的重命名还可以通过双击工作表标签，使工作表标签反白显示，然后输入新的文件名的方法来实现。

3. 使用常规方法录入数据

选中"员工基本信息表"，按图 4-1 所示录入基本信息。

(1) 选中 A1 单元格，录入"员工基本信息表"。

(2) 依次在 A2 至 J2 单元格中输入各字段名，在"姓名"列中依次输入员工姓名，在"身份证号码"列中依次输入员工身份证号码。

选中 D3:D22 单元格区域，右击打开"设置单元格格式"对话框，在"数字"选项卡的"分类"列表中选择"文本"，单击"确定"按钮。按图 4-1 所示录入身份证号码。

◇ **重点提示**

Excel 中默认的单元格数字格式是"常规"，最多可以显示 11 位有效数字，超过 11 位就以科学记数形式表达。要输入 11 位以上的数字且能完全显示，有两种方法可以实现：

一是，先输入一个英文单引号再输入数字。

二是，选中单元格区域，执行"单元格格式/数字/分类/文本"后单击"确定"按钮，再直接输入数字。

(3) 在"工作日期"列中输入日期，日期格式为"yyyy/mm/dd"。

① 按图 4-1 所示输入日期，年、月、日之间用斜线"/"或连字符"-"分隔。

② 选中 J3:J22 单元格区域，右击打开"设置单元格格式"对话框，在"数字"选项卡的"分类"列表中选择"日期"，在"类型"列表中没有所需要的日期格式。

③ 在"分类"列表中选择"自定义"，在"类型"列表中选择"yyyy/m/d"，然后在"类型"编辑栏中修改成"yyyy/mm/dd"的格式，如图 4-2 所示。最后单击"确定"按钮。

图 4-2　"设置单元格格式"对话框

◇ **重点提示**

当输入的数据长度超出列宽时，单元格中会显示"######"号，这时需要调整列宽。方法有以下两种：

(1) 将鼠标指针移到该列列编号右侧的边框线上，待鼠标指针变为左右双向箭头形状时 ↔，按住鼠标左键向右拖动，待大小合适后释放鼠标，即该列数据完全显示在该列中。

(2) 选中该列，单击"开始"→"单元格"→"格式"→"自动调整列宽"命令。

4. 快速录入数据

1) 自动填充"序号"列

方法一：

(1) 在 A3 单元格中输入数字"1"。

(2) 将鼠标移动到 A3 单元格右下角的填充柄上，当鼠标指针变为实心的十字形后按住鼠标左键，同时按住键盘上的"Ctrl"键，此时可以看到十字形的右上角出现"+"号，如图 4-3 所示。

(3) 向下拖动至 A22 单元格后释放鼠标左键，可以看到 A4:A22 单元格区域完成了自动填充。

方法二：

(1) A3 单元格中输入数字"1"。

(2) 选中 A3:A22 单元格区域，单击"开始"→"编辑"、"填充"→"系列"命令，打开"序列"对话框。在"系列产生在"项中选择"列"，在"类型"项中选择"等差序列"，"步长值"设置为"1"，"终止值"可以忽略，如图 4-4 所示。

(3) 单击"确定"按钮，完成 A3:A22 单元格区域的自动填充。

图 4-3　填充柄

图 4-4　"序列"对话框

2) 利用填充柄自动填充"工号"列

(1) 选中 B3 单元格，输入英文单引号"'"和 0001，即"'0001"。

(2) 将鼠标移动到 B3 单元格右下角的填充柄上，当鼠标指针变为实心的十字形后按住鼠标左键向下拖动，至 B22 单元格后释放鼠标左键，可以看到 B4:B22 单元格区域完成了自动填充。

◇　重点提示

① Excel 的常用数据类型分为数值型、字符(文本型)型和日期时间型等 3 种。默认状态下，数值型、日期时间型数据在单元格中的默认对齐方式为"右对齐"，可以参加数学运算。文本型默认对齐方式为"左对齐"，不能参加数学运算，包括汉字、英文字母、不能进行运算的数字、空格及键盘能输入的其他符号都视为字符型数据。

②　文本型数字串的输入如前置零的数字、身份证、电话号码、邮政编码这样的文本型数字串，应作为字符型数据输入，可以采用例题中输入英文单引号方法，也可以先设置单元格格式为文本型，然后直接输入数字串。

3）利用填充柄自动填充"车间"列

（1）在 F3 单元格中输入"一车间"。

（2）将鼠标移动到 F3 单元格右下角的填充柄上，当鼠标指针变为实心的十字形后按住鼠标左键，至 F8 单元格后释放鼠标左键，可以看到 F3:F8 单元格区域已完成了自动填充。

（3）同样的方法在 F9:F15、F16:F22 单元格分别填充为"二车间"和"三车间"。

4）利用"Ctrl + Enter"组合键快速录入"性别"列数据

（1）选中 E3 单元格，按住"Ctrl"键的同时单击 E4、E5、E7、E11、E13、E15、E19、E22 单元格，然后输入"男"，再按下"Ctrl + Enter"组合键，则完成这些单元格的填充，过程如图 4-5 所示。

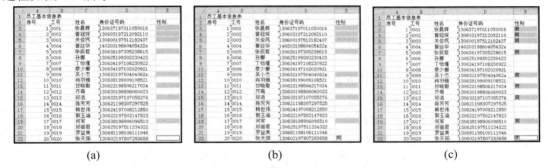

(a)　　　　　　　　　(b)　　　　　　　　　(c)

图 4-5　利用"Ctrl + Enter"组合键快速录入"性别"列数据

（2）同样的方法录入"女"所在的单元格。

5）利用数据有效性录入"员工性质"列数据

（1）选中 G3:G22 单元格区域，然后单击"数据"→"数据工具"→"数据有效性"选项。打开"数据有效性"对话框，在"设置"选项卡的"允许"下拉列表中选择"序列"项，然后在"来源"编辑框中依次输入"正式员工,试用期员工"，各值之间用英文半角逗号隔开，如图 4-6 所示。在"输入信息"选项卡的"输入信息"编辑框中输入"请在下拉列表中选择员工性质"，如图 4-7 所示。单击"确定"按钮，完成数据的有效性设置。

图 4-6　设置"员工性质"数据有效性　　　图 4-7　设置提示信息

(2) 单击 G3 单元格，其右侧将出现下拉按钮。单击该按钮，从下拉框中选择员工性质，完成"员工性质"列的输入，如图 4-8 所示。

	A	B	C	D	E	F	G	H
1	员工基本信息表							
2	序号	工号	姓名	身份证号码	性别	车间	员工性质	工种
3	1	0001	张晨辉	130637197011050016	男	一车间	正式员工	
4	2	0002	曾冠琛	130603197212092110	男	一车间	正式员工	
5	3	0003	关俊民	130600197512182437	男	一车间	正式员工	
6	4	0004	曾丝华	14020319860405432x	女		试用期员工	
7	5	0005	张辰哲	130636197305238615	男	一车间		
8	6	0006	孙娜	130625199302230423	女	一车间	正式员工	
9	7	0007	丁怡瑾	130634197108230922	女	二车间	试用期员工	

图 4-8　录入"员工性质"数据

同理，利用数据有效性录入"工种"和"技术等级"列数据，具体参照"员工性质"列数据的录入方法。

5. 利用公式与函数计算工龄

利用公式与函数计算工龄，设置工龄数字格式为：数值型，负数第四种，无小数点。

(1) 选中 K3 单元格，输入公式"=Year(Today())-Year(J3)"，按回车键，即得出 K3 单元格的值。

(2) 利用填充柄自动向下填充(实现公式的复制)。

(3) 选中 K3:K22 单元格区域，右击打开"设置单元格格式"对话框，在"数字"选项卡的"分类"列表中选择"数值"，在"负数"中选择第四种，小数位数设置为 0，如图 4-9 所示。

图 4-9　设置"工龄"数字格式

◇ **重点提示**

工龄=当前日期的年–工作日期的年，当前日期函数为 Today()，计算"年"的函数为 Year()。

6. 格式化表格

(1) 合并居中 A1:K1 单元格；第一行行高设置为 30；字体设置为黑体、18 磅。

① 选中 A1:K1 单元格区域，然后单击"开始"→"对齐方式"→"合并后居中"选

项，将所选单元格区域合并并居中。

②　单击"单元格"组中的"格式"按钮中的"行高"，在打开的对话框中输入行高值30，单击"确定"按钮。

③　在"字体"组中设置其字符格式为黑体、18 磅，如图 4-10 所示。

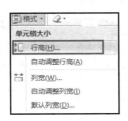

图 4-10　标题格式化

(2)　第 2 行至第 22 行行高设置为 18；字体格式为宋体、10 磅；单元格对齐方式为水平居中，垂直居中。

①　将鼠标移动到左侧行编号"2"上，当鼠标变成向右的箭头时，按下鼠标左键，向下拖动鼠标一直到行编号"22"释放鼠标，此时，第 2 行～第 22 行同时被选中。单击"单元格"组中的"格式"按钮中的"行高"，在打开的对话框中输入行高值 18，单击"确定"按钮。

②　在"字体"组中设置其字符格式为宋体、10 磅。

③　单击"对齐方式"组中的"居中"和"垂直居中"按钮，如图 4-11 所示。

图 4-11　设置"居中"和"垂直居中"

(3)　为 A2:K22 单元格添加边框：内部框线为细实线，外部框线为双实线。

①　选中 A2:K22 单元格区域，在"字体"组的"边框"列表中选择"其他边框"。

②　打开"边框"选项卡，在"线条"的"样式"组中选择单实线，在"预置"组中选择"内部"，如图 4-12 所示。

③　在"线条"的"样式"组中选择双实线，在"预置"组中选择"外边框"，如图 4-13 所示。

图 4-12　设置内边框

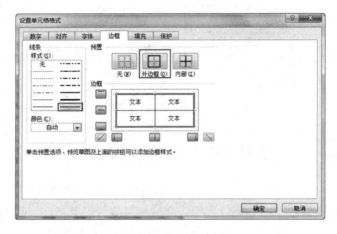

图 4-13　设置外边框

(4) 为 A2:K2 单元格区域添加"水绿色，强调文字颜色 5，淡色 60%"底纹。

选中 A2:K2 单元格区域，在"字体"组的"填充颜色"列表中选择"水绿色，强调文字颜色 5，淡色 60%"，如图 4-14 所示。

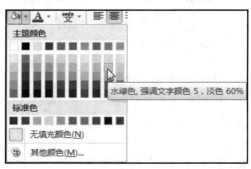

图 4-14　设置底纹

7. 使用条件格式突出显示数据

将工龄小于 10 年的单元格以浅红色填充突出显示。

(1) 选中 K3:K22 单元格区域。

(2) 单击"开始"选项卡"样式"组中的"条件格式"按钮，在展开的列表中选择"突出显示单元格规则"，在其子列表中选择"小于"，如 4-15 所示。

(3) 打开"小于"对话框，在左侧的编辑框中输入 10，在"设置为"下拉列表中选择"浅红填充色深红色文本"选项，单击"确定"按钮，如 4-16 所示。

图 4-15　选择条件设置规则　　　　　　　　图 4-16　设置条件格式

8. 页面设置与打印预览

(1) 选中 A1:K22 单元格区域，在"页面布局"选项卡的"页面设置"组中单击"打印区域"按钮，在展开的列表中选择"设置打印区域"项。

(2) 打开"页面设置"对话框，在"页面"选项卡中设置纸张方向为"横向"，如图 4-17 所示。

(3) 在"页边距"选项卡中设置工作表的上、下页边距为 2，左、右页边距为 1.5，并选中"水平"复选框，如图 4-18 所示。

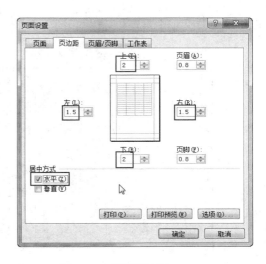

图 4-17　纸张方向设置　　　　　　　　　图 4-18　设置页边距

(4) 单击"打印预览"按钮，此时工作表的效果如图 4-19 所示。

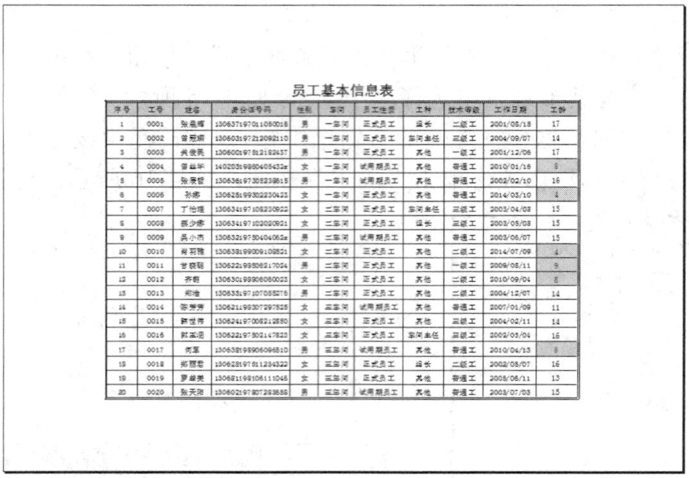

员工基本信息表

序号	工号	姓名	身份证号码	性别	车间	员工性质	工种	技术等级	工作日期	工龄
1	0001	张晨辉	130637197011050016	男	一车间	正式员工	组长	二级工	2001/05/18	17
2	0002	曾冠坪	130603197212092110	男	一车间	正式员工	车间主任	三级工	2004/09/07	14
3	0003	关俊民	130600197512182437	男	一车间	正式员工	其他	一级工	2001/12/06	17
4	0004	曾丝华	14020319860405432x	女	一车间	试用期员工	其他	普通工	2010/01/16	8
5	0005	张辰哲	130636197305238615	男	一车间	试用期员工	其他	普通工	2002/02/10	16
6	0006	孙娜	130625199302230423	女	一车间	正式员工	其他	普通工	2014/03/10	4
7	0007	丁怡瑾	130634197108230922	女	二车间	正式员工	车间主任	三级工	2003/04/08	15
8	0008	蔡少娜	130634197102020921	女	二车间	正式员工	组长	三级工	2003/05/08	15
9	0009	吴小杰	13063219750404062x	男	二车间	试用期员工	其他	普通工	2003/06/07	15
10	0010	尚羽雅	130638199009108521	女	二车间	正式员工	其他	二级工	2014/07/09	4
11	0011	甘晓聪	130622198506217024	男	二车间	正式员工	其他	一级工	2009/05/11	9
12	0012	齐萌	130630198806060023	女	二车间	正式员工	其他	二级工	2010/09/04	8
13	0013	郑浩	130633197107055276	男	二车间	正式员工	其他	二级工	2004/12/07	14
14	0014	陈芳芳	130621198307297525	女	三车间	试用期员工	其他	普通工	2007/01/09	11
15	0015	韩世伟	130624197008212850	女	三车间	正式员工	其他	三级工	2004/02/11	14
16	0016	郭玉涵	130622197502147823	女	三车间	正式员工	车间主任	三级工	2002/03/04	16
17	0017	何军	130638198906096510	男	三车间	试用期员工	其他	普通工	2010/04/13	8
18	0018	郑丽君	130625197511234322	女	三车间	正式员工	组长	二级工	2002/05/07	16
19	0019	罗益美	130681198106111046	女	三车间	正式员工	其他	普通工	2005/06/11	13
20	0020	张天阳	130602197807283658	男	三车间	试用期员工	其他	普通工	2003/07/03	15

图 4-19　打印预览效果图

9. 保存、关闭、退出工作簿

(1) 单击“快速访问工具栏”中的“保存”按钮保存文件。

(2) 单击窗口右上角的“关闭”按钮，关闭工作簿，同时退出 Excel 应用程序。

任务 2　制作员工应发工资表

➪ 任务描述

公司员工工资由多个项目组成，每项工资有相应的计算标准。财务处的小张根据公司规定的标准，计算出每位员工的各项工资数据，并由各项工资数据统计出员工的应发工资。

➪ 作品展示

本任务制作的员工应发工资表如图 4-20 所示。

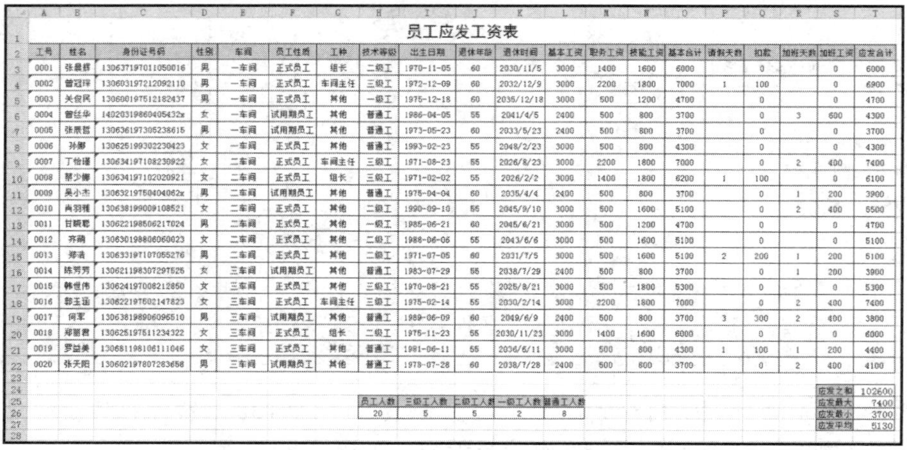

员工应发工资表

工号	姓名	身份证号码	性别	车间	员工性质	工种	技术等级	出生日期	退休年龄	退休时间	基本工资	职务工资	技能工资	基本合计	请假天数	扣款	加班天数	加班工资	应发合计
0001	张晨辉	130637197011050016	男	一车间	正式员工	组长	二级工	1970-11-05	60	2030/11/5	3000	1400	1600	6000		0		0	6000
0002	曾冠坪	130603197212092110	男	一车间	正式员工	车间主任	三级工	1972-12-09	60	2032/12/9	3000	2200	1800	7000	1	100		0	6900
0003	关俊民	130600197512182437	男	一车间	正式员工	其他	一级工	1975-12-18	60	2035/12/18	3000	500	1200	4700		0		0	4700
0004	曾丝华	14020319860405432x	女	一车间	试用期员工	其他	普通工	1986-04-05	55	2041/4/5	2400	500	800	3700		0	3	600	4300
0005	张辰哲	130636197305238615	男	一车间	试用期员工	其他	普通工	1973-05-23	60	2033/5/23	2400	500	800	3700		0		0	3700
0006	孙娜	130625199302230423	女	一车间	正式员工	其他	普通工	1993-02-23	55	2048/2/23	3000	500	800	4300		0		0	4300
0007	丁怡瑾	130634197108230922	女	二车间	正式员工	车间主任	三级工	1971-08-23	55	2026/8/23	3000	2200	1800	7000		0	2	400	7400
0008	蔡少娜	130634197102020921	女	二车间	正式员工	组长	三级工	1971-02-02	55	2026/2/2	3000	1400	1800	6200	1	100		0	6100
0009	吴小杰	13063219750404062x	男	二车间	试用期员工	其他	普通工	1975-04-04	60	2035/4/4	2400	500	800	3700		0	1	200	3900
0010	尚羽雅	130638199009108521	女	二车间	正式员工	其他	二级工	1990-09-10	55	2045/9/10	3000	500	1600	5100		0	2	400	5500
0011	甘晓聪	130622198506217024	男	二车间	正式员工	其他	一级工	1985-06-21	60	2045/6/21	3000	500	1200	4700		0		0	4700
0012	齐萌	130630198806060023	女	二车间	正式员工	其他	二级工	1988-06-06	55	2043/6/6	3000	500	1600	5100		0		0	5100
0013	郑浩	130633197107055276	男	二车间	正式员工	其他	二级工	1971-07-05	60	2031/7/5	3000	500	1600	5100	2	200	1	200	5100
0014	陈芳芳	130621198307297525	女	三车间	试用期员工	其他	普通工	1983-07-29	55	2038/7/29	2400	500	800	3700		0	1	200	3900
0015	韩世伟	130624197008212850	女	三车间	正式员工	其他	三级工	1970-08-21	55	2025/8/21	3000	500	1800	5300		0		0	5300
0016	郭玉涵	130622197502147823	女	三车间	正式员工	车间主任	三级工	1975-02-14	55	2030/2/14	3000	2200	1800	7000		0	2	400	7400
0017	何军	130638198906096510	男	三车间	试用期员工	其他	普通工	1989-06-09	60	2049/6/9	2400	500	800	3700	3	300	2	400	3800
0018	郑丽君	130625197511234322	女	三车间	正式员工	组长	二级工	1975-11-23	55	2030/11/23	3000	1400	1600	6000		0		0	6000
0019	罗益美	130681198106111046	女	三车间	正式员工	其他	普通工	1981-06-11	55	2036/6/11	3000	500	800	4300	1	100	1	200	4400
0020	张天阳	130602197807283658	男	三车间	试用期员工	其他	普通工	1978-07-28	60	2038/7/28	2400	500	800	3700		0	2	400	4100

员工人数	三级工人数	二级工人数	一级工人数	普通工人数
20	5	5	2	8

应发之和	102600
应发最大	7400
应发最小	3700
应发平均	5130

图 4-20　员工应发工资表效果图

⇨ **任务要点**

➤ 公式的输入及使用方法。
➤ 常用函数的应用。
➤ 单元格的引用。

⇨ **任务实施**

1. 打开工作簿，新建、重命名、移动工作表

新建工作表"Sheet4"，重命名为"应发工资表"，并移动到"员工基本信息表"工作表的后面。

(1) 打开"单元 4"文件夹，双击打开"员工工资管理.xlsx"工作簿。

(2) 单击"Sheet3"后面的"插入新工作表"标签 ，即可插入一张新工作表"Sheet4"。

(3) 双击"Sheet4"工作表标签，重命名工作表名称为"应发工资表"。

(4) 将鼠标移动到"应发工资表"标签上，按下鼠标左键移动鼠标，会看到出现一个向下的黑三角和一个空白工作表标志，如图 4-21 所示。当黑三角出现在"员工基本信息表"后面时，松开鼠标，则"应发工资表"移动到"员工基本信息表"后面。

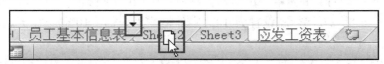

图 4-21   移动工作表

◇ **重点提示**

新建工作表的另一种方法：

右键单击工作表标签，从快捷菜单中选择"插入"选项，打开"插入"对话框，选择工作表，单击"确定"按钮，如图 4-22 所示，即可在选中的工作表前插入一个新工作表。

图 4-22   插入新工作表

2. 输入工作表基本数据并格式化

(1) 输入工作表的标题和字段名，如图 4-23 所示。

	A	B	C	D	E	F	G	H	I	J	K
1	员工应发工资表										
2	工号	姓名	身份证号码	性别	车间	员工性质	工种	技术等级	出生日期	退休年龄	退休时间
3											

K	L	M	N	O	P	Q	R	S	T
退休时间	基本工资	职务工资	技能工资	基本合计	请假天数	扣款	加班天数	加班工资	应发合计

图 4-23　工作表基本数据 1

(2) 在 V2:W3 单元格中输入请假扣除及加班工资数据，如图 4-24 所示。

(3) 在 H25:L26 单元格中输入如图 4-25 所示统计数据。在 S24:T27 单元格输入如图 4-26 所示统计数据。参照图 4-20 输入"请假天数"和"加班天数"列数据。

	V	W
	请假一天扣除	加班一天工资
	100	200

图 4-24　工作表基本数据 2

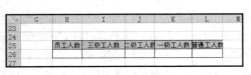

图 4-25　工作表基本数据 3

图 4-26　工作表基本数据 4

(4) 合并居中 A1:T1 单元格；第一行行高设置为 30；字体设置为黑体、18 磅。

(5) 第 2 行～第 27 行行高设置为 18；字体格式为宋体、10 磅；单元格对齐方式为水平居中，垂直居中。

(6) 为 A2:T22、V2:W3、H25:L26、S24:T27 单元格添加边框：内、外框线都为细实线。为 A2:T2、V2:W2、H25:L25、S24:S27 单元格区域添加"水绿色，强调文字颜色 5，淡色 60%"底纹。

3. 引用"员工基本信息表"中的数据

引用"员工基本信息表"中的工号、姓名、身份证号码、性别、车间、员工性质、工种、技术等级数据。

(1) 选中"应发工资表"中的 A3 单元格，输入"="，然后单击"员工基本信息表"标签打开该工作表，选中 B3 单元格，按回车键。此时回到了"应发工资表"工作表，A3 单元格显示"0001"，说明完成了一个单元格数据的引用。

(2) 选中 A3 单元格，向右拖拉填充柄到 H3，可以看到 B3:H3 单元格也完成了数据的引用。

(3) 选中 A3:H3 单元格，向下拖拉填充柄到 H22，完成 A3:H22 单元格数据的引用。

◇ 重点提示

按此方法引用数据，可以与"员工基本信息表"中的数据同步更新。

4. 公式与函数计算

利用公式与函数对"员工工资管理.xlsx"工作簿中"应发工资表"工作表中的数据进行计算。

(1) 利用 MID 函数从身份证号码中提取出生日期，出生日期格式为"yyyy-mm-dd"。

① 选中 I3 单元格，单击"公式"选项卡中的"插入函数"或者单击编辑按钮区的 *fx*，

打开"插入函数"对话框,在"或选择类别"列表框内选择"全部",在"选择函数"列表框内选中任意一个函数,在英文输入状态下,在键盘上输入字母"M",则跳转到以"M"字母开始的函数,找到并选中"MID"函数,如图 4-27 所示。

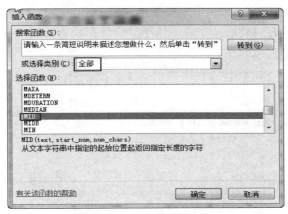

图 4-27　"插入函数"对话框

②　单击"确定"按钮,则打开"MID"函数参数面板。在 3 个参数中分别输入"C3"、"7"、"4",如图 4-28 所示,此时得出出生日期的年份。

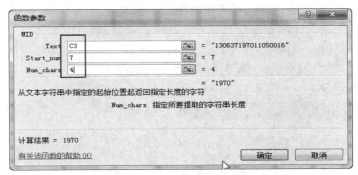

图 4-28　MID 函数参数设置

③　将光标定位到编辑栏,输入连接符"&",然后输入"-",再输入连接符"&",输入 MID(C3,11,2),此时提取出出生日期的月份。

④　在连接符"&"后输入"-",再使用连接符"&",输入&MID(C3,13,2),此时提取出出生日期的日,此时,编辑栏内如图 4-29 所示。

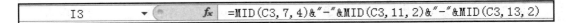

图 4-29　提取出生日期的公式

⑤　按回车键或者单击编辑栏左侧的"√",即可得到"yyyy-mm-dd"格式的出生日期。

⑥　双击 I3 单元格的填充柄(实现复制公式功能),完成出生日期列的自动填充。

(2)　利用 IF 函数计算退休年龄,男员工为 60,女员工为 55。

①　选中 J3 单元格,打开"插入函数"对话框,在"或选择类别"列表框内选择"常用函数",在"选择函数"列表框内选择"IF"函数,单击"确定"按钮,弹出"IF"函数

参数面板。

　　② 在"IF"函数参数面板的逻辑表达式 `Logical_test` 文本框中输入"D3="男""，在逻辑判断为真 `Value_if_true` 文本框中输入"60"，在 `Value_if_false` 文本框中输入"55"，如图4-30 所示，单击"确定"按钮，J3 单元格数据计算完毕。

　　③ 双击 J3 单元格的填充柄，完成退休年龄列的自动填充。

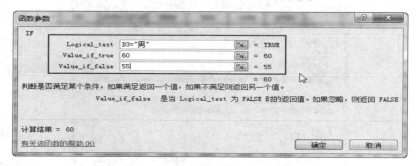

图 4-30　IF 函数参数设置

◇　**重点提示**

　　在函数面板的文本框中输入数据时，若输入的是数值型数据，直接输入即可；若输入的是文本型数据如汉字或字符串，则需要用英文半角双引号引起来。

　　(3) 利用 DATE 函数，根据出生日期和退休年龄计算退休时间。

　　① 选中 K3 单元格，打开"插入函数"对话框，在"或选择类别"列表框内选择"日期与时间"函数，在"选择函数"列表框内选择"DATE"函数，单击"确定"按钮，弹出"DATE"函数参数面板，如图 4-31 所示。

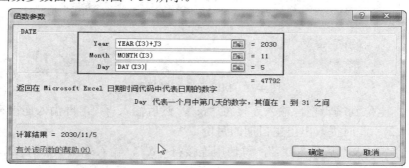

图 4-31　DATE 函数参数设置

　　② 在"Year"文本框内输入"YEAR(I3)+J3"，在"Month"文本框内输入"MONTH(I3)"，在"Day"文本框内输入"DAY(I3)"，如图 4-31 所示，单击"确定"按钮，K3 单元格的数据计算完毕。

　　③ 双击 K3 单元格的填充柄，完成退休时间列的自动填充。

◇　**重点提示**

　　由于出生日期的长度超出列宽，以"#"显示，需要调整列宽。将鼠标指针移到 K 列列编号右侧的边框线上，待鼠标指针变为左右双向箭头形状时，按住鼠标左键向右拖动，待合适大小后释放鼠标，即该列数据完全显示在该列中。

(4) 利用 IF 函数计算基本工资：正式员工 3000，试用期员工是正式员工基本工资的 80%。

① 选中 L3 单元格，按照以上方法打开"IF"函数参数面板。

② 在"IF"函数参数面板的逻辑表达式 `Logical_test` 文本框中输入"F3="正式员工""，在逻辑判断为真 `Value_if_true` 文本框中输入"3000"，在 `Value_if_false` 文本框中输入"3000*0.8"，如图 4-32 所示，单击"确定"按钮，L3 单元格数据计算完毕。

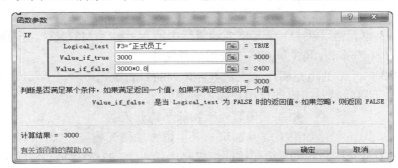

图 4-32　IF 函数计算基本工资

③ 双击 L3 单元格的填充柄，完成基本工资列的自动填充。

(5) 利用 IF 函数计算职务工资：车间主任 2200，组长 1400，其他为 500。

① 选中 M3 单元格，按照以上方法打开"IF"函数参数面板。

② 在"IF"函数参数面板的逻辑表达式 `Logical_test` 文本框中输入"G3="车间主任""，在逻辑判断为真 `Value_if_true` 文本框中输入"2200"。

③ 将光标定位到逻辑判断为假 `Value_if_false` 文本框中，单击编辑按钮区左侧的"IF"，又弹出第二层"IF"函数面板，在 `Logical_test` 文本框中输入"G3="组长""，在 `Value_if_true` 文本框中输入"1400"，在 `Value_if_false` 文本框中输入"500"，单击"确定"按钮，M3 单元格数据计算完毕，此时编辑栏的结果如图 4-33 所示。

④ 双击 M3 单元格的填充柄，完成职务工资列的自动填充。

图 4-33　IF 函数计算职务工资

(6) 利用 IF 函数计算技能工资：三级 1800，二级 1600，一级 1200，普通工 800。

① 选中 N3 单元格，按照以上方法打开"IF"函数参数面板。

② 在"IF"函数参数面板的逻辑表达式 `Logical_test` 文本框中输入"H3="三级工""，在逻辑判断为真 `Value_if_true` 文本框中输入"1800"。

③ 将光标定位到逻辑判断为假 `Value_if_false` 文本框中，单击编辑按钮区左侧的"IF"，又弹出第二层"IF"函数面板，在 `Logical_test` 文本框中输入"H3="二级工""，在 `Value_if_true` 文本框中输入"1600"。

④ 将光标定位到逻辑判断为假 `Value_if_false` 的文本框中，单击编辑按钮区左侧的"IF"，又弹出第三层"IF"函数面板，在 `Logical_test` 文本框中输入"H3="一级工""，在 `Value_if_true` 文本框中输入"1200"，在 `Value_if_false` 文本框中输入"800"，单击"确定"

按钮，N3 单元格数据计算完毕，此时编辑栏的结果如图 4-34 所示。

⑤ 双击 N3 单元格的填充柄，完成技能工资列的自动填充。

| N3 | ▼ ⦿ f_x | =IF(H3="三级工",1800,IF(H3="二级工",1600,IF(H3="一级工",1200,800))) |

图 4-34　IF 函数计算技能工资

(7) 利用公式计算基本合计。

基本合计 = 基本工资 + 职务工资 + 技能工资

① 选中 O3 单元格，在 O3 单元格或编辑栏中输入"=L3+M3+N3"，按回车键或单击编辑按钮区的"√"按钮，O3 单元格的数据计算完毕。

② 双击 O3 单元格的填充柄，完成基本合计列的自动填充。

(8) 利用单元格的绝对引用计算扣款和加班工资。

扣款 = 请假一天扣除 * 请假天数

加班工资 = 加班一天工资 * 加班天数

① 选中 Q3 单元格，在 Q3 单元格或编辑栏中输入"=P3*\$V\$3"，按回车键或单击编辑按钮区的"√"按钮，Q3 单元格的数据计算完毕。

② 选中 S3 单元格，在 S3 单元格或编辑栏中输入"=R3*\$W\$3"，按回车键或单击编辑按钮区的"√"按钮，S3 单元格的数据计算完毕。

③ 双击 Q3 和 S3 单元格的填充柄，完成扣款和加班工资列的自动填充。

◇ **重点提示**

"绝对引用"是指在公式复制时，该地址不随目标单元格的变化而变化。绝对引用地址的表示方法是在列号和行号前面分别添加美元符号"\$"，例如：\$V\$3 表示单元格 V3 的绝对引用，而\$B\$2:\$E\$6 表示单元格区域 B2:E6 的绝对引用，这里的"\$"符号就像是一把"锁"，锁定了引用地址，使它们在移动或复制时，不随目标单元格的变化而变化。

(9) 利用公式计算应发合计。

应发合计 = 基本合计 − 扣款 + 加班工资

① 选中 T3 单元格，在 T3 单元格或编辑栏中输入"= O3 − Q3 + S3"，按回车键或单击编辑按钮区的"√"按钮，T3 单元格的数据计算完毕。

② 双击 T3 单元格的填充柄，完成应发合计列的自动填充。

(10) 分别利用 SUM、MAX、MIN 和 AVERAGE 函数计算应发之和、应发最大、应发最小和应发平均。

① 选中 T24 单元格，单击"公式"选项卡，选择"自动求和 Σ"下拉菜单中的"求和"命令，如图 4-35 所示。T24 单元格中出现"SUM(T3:T23)"函数，默认的单元格区域是错误的，重新选定 T3:T22 单元格区域，按 Enter 键或点击编辑栏中的"√"按钮即可求出"应发之和"。

② 选中 T25 单元格，单击"公式"选项卡，选择"自动求和 Σ"下拉菜单中的"最大值"命令，T25 单元格中出现"MAX"函数，选定 T3:T22 单元格区域，按 Enter 键或点击编辑栏中的"√"

图 4-35　自动求和命令

按钮即可求出"应发最大"。

③ 参照上述方法，计算应发最小和应发平均。

(11) 利用 COUNT 函数计算员工人数。

① 选中 H26 单元格，打开"插入函数"对话框，在"选择类别"列表框内选择"统计"，在"选择函数"列表框内选择"COUNT"函数，单击"确定"按钮，弹出"COUNT"函数参数面板。

② 将光标定位到 Value1 文本框中，然后鼠标选中 T3:T22 单元格区域("应发工资"的份数即为员工人数)，则 Value1 文本框显示 T3:T22，如图 4-36 所示。

③ 单击"确定"按钮，此时员工人数结果显示在 H26 单元格中。

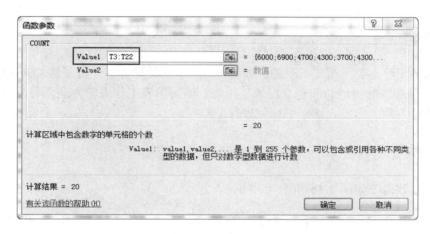

图 4-36　COUNT 函数计算员工人数

◇ 重点提示

COUNT 函数只对数字型数据进行计算。

(12) 利用 COUNTIF 函数计算三级工、二级工、一级工和普通工人数。

① 选中 I26 单元格，打开"插入函数"对话框，在"选择类别"列表框内选择"统计"，在"选择函数"列表框内选择"COUNTIF"函数，单击"确定"按钮，弹出"COUNTIF"函数参数面板，在 Range 文本框中输入"H3:H22"，在 Criteria 文本框中输入""三级工""，如图 4-37 所示，单击"确定"按钮，此时三级工人数结果显示在 I26 单元格中。

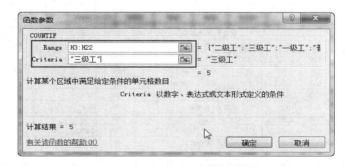

图 4-37　COUNTIF 函数计算三级工人数

② 用同样的方法，计算出二级工、一级工和普通工人数。

5. 保存工作簿

单击"文件→保存"命令或单击快速启动栏上的保存按钮，将工作簿以原文件名存盘。

任务3　汇总员工"各技术等级工资"并建立

"各技术等级工资汇总图表"

⇨ **任务描述**

经理想要了解本公司员工工资的分发情况，为了让领导能够一目了然，小张通过 Excel 2010 中数据排序、分类汇总和建立图表工作表、编辑图表工作表等方法，对公司员工工资的"基本合计"和"应发合计"平均值进行了汇总。

⇨ **作品展示**

本任务的效果图如图 4-38 和图 4-39 所示。

工号	姓名	性别	车间	员工性质	工种	技术等级	基本工资	职务工资	技能工资	基本合计	请假天数	扣款	加班天数	加班工资	应发合计
						员工应发工资表									
0001	张晨辉	男	一车间	正式员工	组长	二级工	3000	1400	1600	6000		0		0	6000
0010	肖羽雅	女	二车间	正式员工	其他	二级工	3000	500	1600	5100		0	2	400	5500
0012	齐萌	女	二车间	正式员工	其他	二级工	3000	500	1600	5100		0		0	5100
0013	郑浩	男	二车间	正式员工	其他	二级工	3000	500	1600	5100	2	200	1	200	5100
0018	郑丽君	女	三车间	正式员工	组长	二级工	3000	1400	1600	6000		0		0	6000
						二级工 平均值				5460					5540
0004	曾丝华	女	一车间	试用期员工	其他	普通工	2400	500	800	3700		0	3	600	4300
0005	张辰哲	男	一车间	试用期员工	其他	普通工	2400	500	800	3700		0		0	3700
0006	孙娜	女	一车间	试用期员工	其他	普通工	2400	500	800	4300		0		0	4300
0009	吴小杰	男	二车间	试用期员工	其他	普通工	2400	500	800	3700		0	1	200	3900
0014	陈芳芳	女	三车间	试用期员工	其他	普通工	2400	500	800	3700		0	1	200	3900
0017	何军	男	三车间	试用期员工	其他	普通工	2400	500	800	3700	3	300	2	400	3800
0019	罗益美	女	三车间	正式员工	其他	普通工	3000	500	800	4300	1	100	1	200	4400
0020	张天阳	男	三车间	试用期员工	其他	普通工	2400	500	800	3700		0	2	400	4100
						普通工 平均值				3850					4050
0002	曾冠琛	男	一车间	正式员工	车间主任	三级工	3000	2200	1800	7000	1	100		0	6900
0007	丁怡瑾	女	二车间	正式员工	车间主任	三级工	3000	2200	1800	7000		0	2	400	7400
0008	蔡少娜	女	二车间	正式员工	组长	三级工	3000	1400	1800	6200	1	100		0	6100
0015	韩世伟	男	三车间	正式员工	其他	三级工	3000	500	1800	5300		0		0	5300
0016	郭玉函	女	三车间	正式员工	车间主任	三级工	3000	2200	1800	7000		0	2	400	7400
						三级工 平均值				6500					6620
0003	关俊民	男	一车间	正式员工	其他	一级工	3000	500	1200	4700		0		0	4700
0011	甘晓聪	男	二车间	正式员工	其他	一级工	3000	500	1200	4700		0		0	4700
						一级工 平均值				4700					4700
						总计平均值				5000					5130

图 4-38　各技术等级工资汇总表

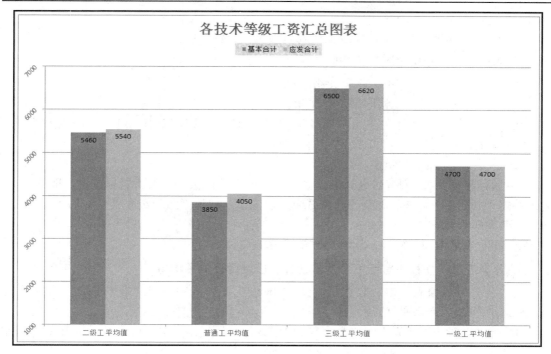

图 4-39　各技术等级工资汇总图表

⇨ 任务要点

➢ 数据排序。
➢ 分类汇总。
➢ 建立图表工作表。
➢ 编辑图表工作表。

⇨ 任务实施

打开"员工工资管理"工作簿，对其进行如下操作。

1. 建立用于工资分析的工作表

复制"应发工资表"中的数据到"Sheet2"工作表中，重命名"Sheet2"为"工资分析原表"。

(1) 单击"应发工资表"工作表标签，使其成为当前工作表。

(2) 单击 A 列编号左侧、1 行编号上侧的灰色方框，如图 4-40 所示，即选中整个工作表的数据，然后按"Ctrl + C"组合键复制。

(3) 单击"Sheet2"工作表标签，使其成为当前工作表，单击选中 A1 单元格，按"Ctrl + V"组合键粘贴，"应发工资表"中的数据即复制到

	A	B	C
1			
2	工号	姓名	身份证号码
3	0001	张晨辉	130637197011050016
4	0002	曾冠琛	130603197212092110
5	0003	关俊民	130600197512182437
6	0004	曾丝华	14020319860405432x

图 4-40　全选按钮

"Sheet2"工作表中。

（4）双击"Sheet2"标签，修改工作表名称为"工资分析原表"。

2. 调整"工资分析原表"工作表结构

（1）删除 I25:L26、S24:T27 单元格区域。

① 选中 I25:L26 单元格区域，单击鼠标右键，在快捷菜单中选择"删除"，在弹出的"删除"对话框中选择"下方单元格上移"，单击"确定"按钮，I25:L26 单元格区域即删除。

② 同样的方法删除 S24:T27 单元格区域。

（2）隐藏 C、I、J、K 列。

① 鼠标移动到 C 列编号区域，当鼠标变成向下的箭头时，按下鼠标左键，即选中 C 列；单击"开始"→"单元格"→"格式"→"隐藏与取消隐藏"级联菜单中的"隐藏列"命令，C 列即隐藏。

② 同时选中 I、J、K 列，用上述方法隐藏 I、J、K 列。

3. 分类汇总：按技术等级汇总基本合计和应发合计的平均值

将"工资分析原表"中的数据复制到"Sheet3"工作表中，以"技术等级"为分类字段，汇总"基本合计"和"应发合计"的平均值。

（1）把"工资分析原表"中的数据复制到"Sheet3"工作表中，重命名工作表为"各技术等级工资汇总表"。

（2）单击"各技术等级工资汇总表"工作表标签，使其成为当前工作表。

（3）选中数据区"技术等级"列的任一单元格，单击"数据"选项卡，选择"排序与筛选"选项组的"升序排序"按钮 $\frac{A}{Z}\downarrow$ 或"降序排序"按钮 $\frac{Z}{A}\downarrow$，使"技术等级"列按顺序进行排列。

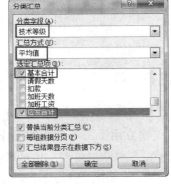

（4）单击"数据"选项卡，选择"分级显示"选项组中的"分类汇总"命令，打开"分类汇总"对话框。

（5）单击"分类字段"右侧的向下箭头，选择"技术等级"作为分类字段；单击"汇总方式"右侧的向下箭头，选择"平均值"。

（6）在"选定汇总项"中，选择需要汇总的字段"基本合计"和"应发合计"，如图 4-41 所示。

（7）单击"确定"按钮，即可得到分类汇总的结果，如图 4-38 所示。

图 4-41　"分类汇总"对话框

◇ 重点提示

分类汇总相关知识：

（1）数据的分类汇总。分类汇总是按类对指定字段进行汇总的。汇总之前必须把分类字段值相同的记录排在一起，即先分类再汇总。汇总方式有：计数、求和，求平均值、最大值、最小值等。

（2）如图 4-38 所示，在显示分类汇总结果时，分类汇总的左侧自动显示了一些分级显示按钮。这些按钮的含义如表 4-1 所示。

表 4-1　按　钮　含　义

图标	名　　称	功　　能
+	显示细节按钮	单击此按钮显示分级显示信息
-	隐藏细节按钮	单击此按钮隐藏分级显示信息
1	级别按钮	单击此按钮显示总的汇总结果及总计数据
2	级别按钮	单击此按钮显示部分数据及汇总结果
3	级别按钮	单击此按钮显示全部数据

(3) 清除分类汇总。选择分类汇数据清单中的任一单元格，单击"数据"选项卡下的"分级显示"组的"分类汇总"按钮，在"分类汇总"对话框中单击"全部删除"按钮，即可清除分类汇总。

4. 建立"各技术等级工资汇总"图表

根据"各技术等级工资汇总表"工作表中的数据创建各技术等级工资汇总图表。其中，分类轴为"技术等级"，数值轴为"基本合计"、"应发合计"的汇总值；图表类型为簇状柱形图。

(1) 单击"各技术等级工资汇总表"工作表标签，使其成为当前工作表。

(2) 选择要创建图表的数据区域：单击选中 H2 单元格，按住"Ctrl"键，再依次单击选中 O2、T2、H8、O8、T8、H17、O17、T17、H23、O23、T23、H26、O26 和 T26 单元格。

◇　**重点提示**

选择数据源时，按住 Ctrl 键选择工作表中不连续的单元格或单元格区域，按住 Shift 键选择工作表中连续的单元格或单元格区域。

(3) 创建簇状柱形图：单击"插入"选项卡"图表"选项组中的"柱形图"按钮，在展开的列表中选择"簇状柱形图"，如图 4-42 所示。此时，在工作表中插入了一张嵌入式簇状柱形图，如图 4-43 所示。

图 4-42　选择图表类型

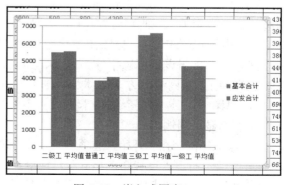

图 4-43　嵌入式图表

◇ **重点提示**

更改图表类型方法：

① 单击选中要更改的图表。

② 单击"图表工具　设计"选项卡上"类型"组的"更改图表类型"按钮，则打开"更改图表类型"对话框，选择合适的图表类型，单击"确定"按钮。

5. 编辑图表

(1) 图表位置：新工作表，新工作表名称为"各技术等级工资汇总图表"。

① 单击选中图表，在"图表工具"的"设计"选项卡上单击"位置"选项组的"移动图表"按钮，则打开"移动图表"对话框。单击选中"新工作表"按钮，在其右侧的编辑框中输入新工作表名称"各技术等级工资汇总图表"，如图 4-44 所示。

② 单击"确定"按钮，则系统自动在原工作表左侧创建一名称为"各技术等级工资汇总图表"的新工作表。

图 4-44　移动图表

(2) 应用图表样式：应用图表样式 8。单击"图表工具"的"设计"选项卡上"图表样式"选项组的"样式 8"，如图 4-45 所示。

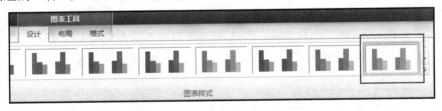

图 4-45　选择图表样式

(3) 设置图表标题：图表标题为"各技术等级工资汇总图表"；宋体、加粗、字号 20、标准色蓝色。

① 单击"图表工具 布局"选项卡上"标签"选项组的"图表标题"按钮，在展开的列表中选择"图表上方"，则在图表的上方出现"图表标题"字样的编辑框。

② 单击图表标题编辑框，修改图表标题为"各技术等级工资汇总图表"，在"开始"选项卡"字体"选项组设置标题字体为宋体、加粗、字号 20、字体颜色标准色蓝色。

(4) 设置图例：图例在上方，宋体、字号 10，填充效果为蓝色面巾纸纹理。

① 单击"图表工具 布局"选项卡上"标签"选项组的"图例"按钮，在展开的列表中选择"在顶部显示图例"。

② 单击选中图例，在"开始"选项卡"字体"选项组中设置图例字体为宋体、字号 10。

③ 双击图例，打开"设置图例格式"对话框，在"填充"组中选中"图片或纹理填充"，然后在"纹理"的展开列表中选择"蓝色面巾纸"，如图 4-46 所示。最后，单击"关闭"

按钮。

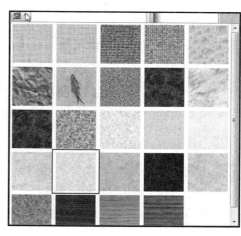

图 4-46　设置填充纹理

（5）设置分类轴：宋体、字号 10、标准色蓝色。单击选中分类轴，在"开始"选项卡"字体"选项组中设置图例字体为宋体、字号 10、字体颜色标准色蓝色。

（6）设置数值轴：宋体、字号 10、标准色蓝色；坐标轴最小值为 1000，旋转–45 度显示。

① 单击选中数值轴，在"开始"选项卡"字体"选项组中设置图例字体为宋体、字号 10、字体颜色蓝色。

② 双击数值轴，打开"设置坐标轴格式"对话框，在"坐标轴选项"组中将"最小值"设置为"固定 1000"，如图 4-47 所示。

③ 在"对齐方式"组中的"自定义角度"栏中输入"–45"，如图 4-48 所示。最后，单击"关闭"按钮。

图 4-47　设置最小刻度　　　　　　　　　图 4-48　设置旋转角度

(7) 设置数据标签：显示数据标签于数据点结尾之内。单击"图表工具 布局"选项卡上"标签"选项组的"数据标签"按钮，在展开的列表中选中"数据标签内"。

(8) 编辑后的工作表整体效果如图 4-39 所示。

6. 保存工作簿

单击"文件→保存"命令或单击快速启动栏上的保存按钮，将工作簿以原文件名存盘。

任务4 筛选员工工资记录并统计"各车间各技术等级人数"

⇨ 任务描述

经理想要了解本公司员工工资的分发情况，为了让领导能够一目了然，小张通过 Excel 2010 中数据筛选技术，筛选出不同情况下的员工记录，并利用数据透视表统计出每个车间每种技术等级的人数。

⇨ 作品展示

本任务制作的各种分析结果效果图如图 4-49～图 4-53 所示。

工号	姓名	性别	车间	员工性质	工种	技术等级	基本工资	职务工资	技能工资	基本合计	请假天数	扣款	加班天数	加班工资	应发合计
0001	张晨辉	男	一车间	正式员工	组长	二级工	3000	1400	1600	6000		0		0	6000
0002	曾冠琛	男	一车间	正式员工	车间主任	三级工	3000	2200	1800	7000	1	100		0	6900
0007	丁怡瑾	女	二车间	正式员工	车间主任	三级工	3000	2200	1800	7000		0	2	400	7400
0008	蔡少娜	女	二车间	正式员工	组长	三级工	3000	1400	1800	6200	1	100		0	6100
0016	郭玉涵	女	三车间	正式员工	车间主任	三级工	3000	2200	1800	7000		0	2	400	7400
0018	郑丽君	女	三车间	正式员工	组长	二级工	3000	1400	1600	6000		0		0	6000

图 4-49　应发合计最高的 5 位员工

工号	姓名	性别	车间	员工性质	工种	技术等级	基本工资	职务工资	技能工资	基本合计	请假天数	扣款	加班天数	加班工资	应发合计
0004	曾丝华	女	一车间	试用期员工	其他	普通工	2400	500	800	3700		0	3	600	4300
0005	张辰哲	男	一车间	试用期员工	其他	普通工	2400	500	800	3700		0		0	3700
0009	吴小杰	男	二车间	试用期员工	其他	普通工	2400	500	800	3700		0	1	200	3900
0014	陈芳芳	女	三车间	试用期员工	其他	普通工	2400	500	800	3700		0	1	200	3900
0017	何军	男	三车间	试用期员工	其他	普通工	2400	500	800	3700	3	300	2	400	3800
0020	张天阳	男	三车间	试用期员工	其他	普通工	2400	500	800	3700		0	2	400	4100

图 4-50　试用期员工记录

工号	姓名	性别	车间	员工性质	工种	技术等级	基本工资	职务工资	技能工资	基本合计	请假天数	扣款	加班天数	加班工资	应发合计
0003	关俊民	男	一车间	正式员工	其他	一级工	3000	500	1200	4700		0		0	4700
0006	孙娜	女	一车间	正式员工	其他	普通工	3000	500	800	4300		0		0	4300
0011	甘晓聪	男	二车间	正式员工	其他	一级工	3000	500	1200	4700		0		0	4700
0019	罗益美	女	三车间	正式员工	其他	普通工	3000	500	800	4300	1	100	1	200	4400

图 4-51　正式员工中应发合计大于等于 3500 小于 5000 的记录

25															
26	工号	姓名	性别	车间	员工性质	工种	技术等级	基本工资	职务工资	技能工资	基本合计	请假天数	扣款	加班天数	加班工资	应发合计
27	0003	关俊民	男	一车间	正式员工	其他	一级工	3000	500	1200	4700	0		0		4700
28	0004	曾丝华	女	一车间	试用期员工	其他	普通工	2400	500	800	3700	0		3	600	4300
29	0005	张辰哲	男	一车间	试用期员工	其他	普通工	2400	500	800	3700	0		0		3700
30	0006	孙娜	女	一车间	正式员工	其他	普通工	3000	500	800	4300	0		0		4300
31	0009	吴小杰	男	二车间	试用期员工	其他	普通工	2400	500	800	3700	0		1	200	3900
32	0011	甘晓聪	男	二车间	正式员工	其他	一级工	3000	500	1200	4700	0		0		4700
33	0014	陈芳芳	女	三车间	试用期员工	其他	普通工	2400	500	800	3700	0		1	200	3900
34	0017	何军	男	三车间	试用期员工	其他	普通工	2400	500	800	3700	3	300	2	400	3800
35	0019	罗益美	女	三车间	正式员工	其他	普通工	3000	500	800	4300	1	100	1	200	4400
36	0020	张天阳	男	三车间	试用期员工	其他	普通工	2400	500	800	3700	0		2	400	4100
37															

图 4-52　试用期员工或者应发合计小于 5000 的正式员工的记录

计数项:技术等级	技术等级				
车间	一级工	普通工	三级工	一级工	总计
二车间	3	1	2	1	7
三车间	1	4	2		7
一车间	1	3	1	1	6
总计	5	8	5	2	20

图 4-53　各车间各技术等级人数

⇨ 任务要点

> ➤　数据筛选。
> ➤　建立数据透视表。

⇨ 任务实施

1．建立工作表副本

打开"员工工资管理"工作簿，建立 4 个"工资分析原表"的副本，分别重命名为"筛选 1""筛选 2""筛选 3"和"筛选 4"。

(1) 右击"工资分析原表"工作表标签，在快捷菜单中选择"移动或复制"选项，打开"移动或复制工作表"对话框。

(2) 在"将选定工作表移至工作簿"下拉列表中选择"员工工资管理.xlsx"，在"下列选定工作表之前"选择"(移至最后)"，在"建立副本"前打上√，如图 4-54 所示。即在"员工工资管理.xlsx"工作簿中建立了"工资分析原表"工作表的副本。

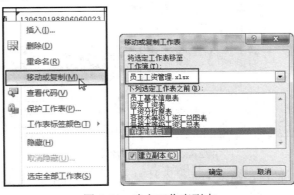

图 4-54　建立工作表副本

（3）用同样的方法再建立三个副本，四个副本的名称分别命名为"筛选 1""筛选 2""筛选 3"和"筛选 4"。

2. 查看"应发合计"最高的 5 位员工的记录

利用自动筛选，筛选出"应发合计"最多的 5 位员工的记录。

（1）单击"筛选 1"工作表标签，使其成为当前工作表。

（2）单击选中数据区域任一单元格，然后单击"数据"选项卡上"排序和筛选"组的"筛选"按钮，如图 4-55 所示。

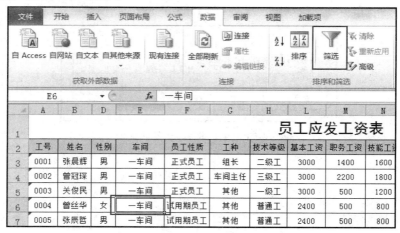

图 4-55　自动筛选按钮

（3）此时，工作表字段行中的每个单元格右侧显示筛选箭头 ，单击"应发合计"字段右侧的筛选箭头，在展开的列表中选择"数字筛选"→"10 个最大的值"项，打开"自动筛选前 10 个"对话框，将最大值数字改成 5，如图 4-56 所示。

图 4-56　设置自动筛选条件

（4）单击"确定"按钮，筛选出应发合计最高的 5 位员工的记录，"应发合计"字段右侧的筛选箭头改为筛选标记，如图 4-57 所示。

员工应发工资表

工号	姓名	性别	车间	员工性质	工种	技术等级	基本工	职务工	技能工	基本合计	请假天数	扣款	加班天数	加班工	应发合计
0001	张晨辉	男	一车间	正式员工	组长	二级工	3000	1400	1600	6000		0		0	6000
0002	曾冠琛	男	一车间	正式员工	车间主任	三级工	3000	2200	1800	7000	1	100		0	6900
0007	丁怡瑾	女	二车间	正式员工	车间主任	三级工	3000	2200	1800	7000		0	2	400	7400
0008	蔡少卿	女	二车间	正式员工	组长	二级工	3000	1400	1800	6200	1	100		0	6100
0016	郭玉函	女	三车间	正式员工	车间主任	三级工	3000	2200	1800	7000		0	2	400	7400
0018	郑丽君	女	三车间	正式员工	组长	二级工	3000	1400	1600	6000		0		0	6000

图 4-57　自动筛选按钮

(5) 修改工作表标题为"应发合计最高的 5 位员工",效果图如图 4-49 所示。

3. 查看"试用期员工"的工资记录

(1) 单击"筛选 2"工作表标签,使其成为当前工作表。

(2) 单击选中数据区域任一单元格,然后单击"数据"选项卡上"排序和筛选"组的"筛选"按钮。

(3) 单击"员工性质"右侧的筛选箭头,在展开的列表中单击"全选"项,取消所有复选框的选中,然后单击"试用期员工"复选框,如图 4-58 所示。

(4) 单击"确定"按钮,筛选出试用期员工记录。

(5) 修改工作表标题为"试用期员工记录",效果图如图 4-50 所示。

◇ **重点提示**

(1) 取消列的筛选:单击要取消筛选的列标题右侧的筛选标记,在列表中单击"从'****'中清除筛选"选项,则该列的自动筛选取消。

(2) 退出自动筛选状态:单击"数据"选项卡上"排序和筛选"组中的"筛选"按钮。

图 4-58　自动筛选条件

4. 查看正式员工中应发合计大于等于 3500 且小于 5000 的记录

在"筛选 3"工作表中进行操作,条件区域起始单元格为 V8,结果放置在 A26 开始的单元格。

(1) 单击"筛选 3"工作表标签,使其成为当前工作表。

(2) 在条件区域书写筛选条件。选中 F2 单元格,将"员工性质"字段复制到 V8 单元格中;将 T2 单元格中的"应发合计"字段复制到 W8 和 X8 单元格中。将 F3 单元格的"正式员工"复制到 V9 单元格中,在 W9 单元格中输入">= 3500",在 X9 单元格中输入"< 5000",如图 4-59 所示。

员工性质	应发合计	应发合计
正式员工	>=3500	<5000

图 4-59　高级筛选条件—"与"关系

(3) 选中数据清单的任一单元格,单击"数据"选项卡上"排序和筛选"组中的"高级"按钮,如图 4-60 所示,打开"高级筛选"对话框。

(4) 在"高级筛选"对话框中,确认"列表区域"的单元格引用是否正确。如果不正确,则单击"列表区域"右侧的切换按钮 ▣,打开"高级筛选→列表区域"对话框,拖动鼠标选中 A2:T22 单元格区域，则列表区域地址"筛选 3!$A$2:$T$22"便自动填入"条件区域"栏中，单击返回按钮 ，返回到"高级筛选"对话框。

（5）参照上述方法填充条件区域为"筛选 3!$V$8:$X$9"。

（6）在"高级筛选"对话框中选中"将筛选结果复制到其他位置"单选按钮，再参照上述方法填充"复制到"区域地址为"筛选 3!$A$26"（鼠标单击 A26 单元格即可），此时对话框设置如图 4-61 所示。

图 4-60　高级筛选按钮　　　　　　　图 4-61　高级筛选对话框设置 1

（7）单击"确定"按钮，则高级筛选的结果出现在以 A26 开始的单元格区域中，如图 4-51 所示。

◇　**重点提示**

高级筛选条件区域在书写时应遵循的原则：

（1）条件区和原数据区至少隔一行或一列，高级筛选条件涉及的字段名复制到条件区的第一行，且字段名要连续，字段名的下方输入条件值，即同一条件的字段名和对应的条件值都应写在同一列的不同单元格中。

（2）多个条件之间的逻辑关系是"与"关系时，条件值应写在同一行；是"或"关系时，条件值写在不同行。

（3）条件区域中不能有空行或空列。

5. 查看试用期员工或者应发合计小于 5000 的正式员工的记录

在"筛选 4"工作表中进行操作，条件区域起始单元格为 V8，结果放置在 A26 开始的单元格。

（1）单击"筛选 4"工作表标签，使其成为当前工作表。

（2）在条件区域书写筛选条件，如图 4-62 所示。打开"高级筛选"对话框，设置参数，如图 4-63 所示。单击"确定"按钮，筛选结果如图 4-52 所示。

图 4-62　高级筛选条件——"或"关系　　　图 4-63　高级筛选对话框设置 2

6. 统计各车间各技术等级人数

利用"工资分析原表"中的数据创建数据透视表，行标签为车间，列标签为技术等级，数值为技术等级计数。作为新工作表插入，新工作表名称为"各车间各技术等级人数"。

(1) 单击"工资分析原表"工作表标签，使其成为当前工作表。

(2) 单击选中数据区域任一单元格，然后单击"插入"选项卡上"表格"选项组中的"数据透视表"按钮，在列表中单击"数据透视表"，打开"创建数据透视表"对话框，在"表/区域"编辑框中可看到默认选择的数据源区域为"工资分析原表!$A$2:$T$22"。如果数据源不正确，则拖动鼠标重新选择。

(3) 在"选择放置数据透视表的位置"选项中选择"新工作表"项，如图 4-64 所示。

图 4-64　"创建数据透视表"对话框

(4) 单击"确定"按钮，即可以在新建的工作表中显示数据透视表框架和"数据透视表字段列表"窗格，如图 4-65 和图 4-66 所示。

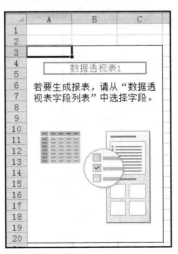

图 4-65　数据透视表框架

图 4-66　数据透视表字段列表

(5) 在"数据透视表字段列表"窗格中，将字段列表中的"技术等级"字段拖动到列标签，将"车间"字段拖动到行标签，将"计数项：技术等级"字段拖动到数值区域，默认汇总方式为"计数"，如图 4-67 所示，可以看到数据透视表根据字段的设置显示出统计结果，如图 4-68 所示。

(6) 最后将该工作表重命名为"各车间各技术等级人数"。

图 4-67　字段设置后

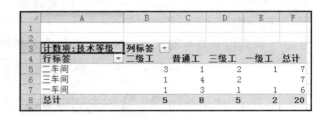

图 4-68　数据透视表

7. 编辑数据透视表

(1) 修改行标签为"车间"，修改列标签为"技术等级"。双击"行标签"单元格，输入"车间"；双击"列标签"单元格，输入"技术等级"。

(2) 调整车间的顺序为"一车间""二车间""三车间"；调整技术等级顺序为"三级工""二级工""一级工""普通工"。选中一车间的统计数据 A7:F7 单元格区域，当鼠标变成四个方向的箭头时，如图 4-69 所示，按下鼠标左键拖动到二车间数据区域上方，松开鼠标。参照上述方法为"技术等级"列数据重新排序。

图 4-69　调整顺序

(3) 选择数据透视表样式为"浅色 9"、镶边列。单击选中数据透视表区域中任一单元格，在"数据透视表工具"的"设计"选项卡，"数据透视表样式"列表中选择"数据透视表样式浅色 9"。单击"数据透视表工具"的"设计"选项卡，在"数据透视表样式选项"组中选中"镶边列"复选框，如图 4-70 所示。最后的效果图如图 4-53 所示。

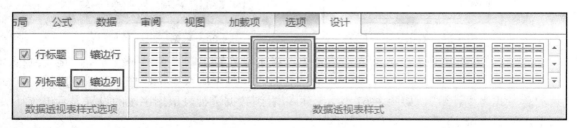

图 4-70　设置数据透视表样式

8. 保存工作簿

单击"文件→保存"命令或单击快速启动栏上的保存按钮，将工作簿以原文件名存盘。

拓展任务 1　制作公司员工实发工资表

⇨ **任务描述**

公司员工工资卡上的工资，也就是实发工资，应该是应发工资减去各种社会保险、公积金和个人所得税之后的金额。小张根据标准，计算出公司员工的实发工资。

⇨ **作品展示**

本任务完成后的效果图如图 4-71 所示。

工号	姓名	基本合计	应发合计	养老保险	医疗保险	失业保险	住房公积金	应扣合计	月工资	应纳税所得额	个人所得税	实发金额	签名
0001	张晨辉	6000	6000	480	120	60	480	1140	4860	1360	41	4819	
0002	曾冠琛	7000	6900	560	140	70	560	1330	5570	2070	102	5468	
0003	关俊民	4700	4700	376	94	47	376	893	3807	307	9	3798	
0004	曾丝华	3700	4300	296	74	37	296	703	3597	97	3	3594	
0005	张展哲	3700	3700	296	74	37	296	703	2997	0	0	2997	
0006	孙娜	4300	4300	344	86	43	344	817	3483	0	0	3483	
0007	丁怡瑾	7000	7400	560	140	70	560	1330	6070	2570	152	5918	
0008	琴少娜	6200	6100	496	124	62	496	1178	4922	1422	43	4879	
0009	吴小杰	3700	3900	296	74	37	296	703	3197	0	0	3197	
0010	肖羽雅	5100	5500	408	102	51	408	969	4531	1031	31	4500	
0011	甘晓聪	4700	4700	376	94	47	376	893	3807	307	9	3798	
0012	齐萌	5100	5100	408	102	51	408	969	4131	631	19	4112	
0013	郑浩	5100	5100	408	102	51	408	969	4131	631	19	4112	
0014	陈芳芳	3700	3900	296	74	37	296	703	3197	0	0	3197	
0015	韩世伟	5300	5300	424	106	53	424	1007	4293	793	24	4269	
0016	郭玉涵	7000	7400	560	140	70	560	1330	6070	2570	152	5918	
0017	何军	3700	3800	296	74	37	296	703	3097	0	0	3097	
0018	郑丽君	6000	6000	480	120	60	480	1140	4860	1360	41	4819	
0019	罗益美	4300	4400	344	86	43	344	817	3583	83	2	3581	
0020	张天阳	3700	4100	296	74	37	296	703	3397	0	0	3397	
合　计												82953	

图 4-71　实发工资表

⇨ **任务要点**

➢ 公式计算和函数的使用。
➢ 公式的复制。
➢ 单元格的引用。

⇨ **任务实施**

1. 打开工作簿

双击"单元 4\拓展任务 1"文件夹下的"实发工资表(素材)"文件，打开工作簿。

2. 公式计算

利用公式计算养老保险、医疗保险、失业保险、住房公积金、应扣合计和月工资。

(1) 养老保险缴费比例是"基本合计"的 8%。

(2) 医疗保险缴费比例是"基本合计"的 2%。

(3) 失业保险缴费比例是"基本合计"的 1%。

(4) 住房公积金缴费比例是"应发合计"的 8%。

(5) 应扣合计 = 养老保险 + 医疗保险 + 失业保险 + 住房公积金。

(6) 月工资 = 应发合计 − 应扣合计。

3. 利用函数计算应纳税所得额和个人所得税

个人所得税 = 应纳税所得额 × 适用税率 − 速算扣除数

从 2011 年 9 月 1 日起，个人所得税是月收入超过 3500 起征。个人所得税 = 应纳税工资额 * 税率 − 速算扣除数，其中税率如"实发工资表"工作表中的 A31:E42 所示。例如：某人某月工资减去社会保险个人缴纳金额和住房公积金个人缴纳金额后为 5500 元，个税计算：(5500 − 3500) * 10% − 105 = 95 元。

(1) 利用 IF 函数计算应纳税所得额。如果月工资大于 3500 元需纳税，应纳税所得额为"月工资−3500"，否则为 0。

(2) 利用 Vlookup 函数计算个人所得税。

① 选中 L3 单元格，插入"VLOOKUP"函数。

② 打开"函数参数"对话框，设置第一个函数参数为"K3"，第二个函数参数为"$B$36:$E$42"，第三个函数参数为"3"，第四个函数参数为"TRUE"。

③ 将光标定位到编辑栏，在公式后面接着输入"*K3-"。再插入一个 Vlookup 函数，四个参数分别为"K3"、"$B$36:$E$42"、"4"、"TRUE"。

④ 完整的公式为" = VLOOKUP(K3,$B$36:$E$42, 3, TRUE)*K3- VLOOKUP(K3, $B$36:$E$42,4,TRUE)"

⑤ 单击"确定"按钮，即可得到计算结果。拖动填充柄完成个人所得税列数据的计算。

◇ **重点提示**

VLOOKUP 函数：VLOOKUP(Lookup_value，Table_array，Col_index_num，Range_lookup)。

Lookup_value：表示要查找的值，它可以为数值、引用或文字串。

Table_array：用于指示要查找的区域，查找值必须位于这个区域的最左列。

Col_index_num：为相对列号。最左列为 1，其右边一列为 2，以此类推。

Range_lookup：唯一逻辑值，指明函数 VLOOKUP 查找时是精确查找(FALSE)，还是近似匹配(TRUE)。

功能：用于在表格或数值数组的首列查找指定的数值，并由此返回表格或数值当前行中指定列处的数值。

4. 利用公式计算实发金额

实发金额 = 月工资 − 个人所得税

5. 保存工作簿

单击"文件→保存"命令或单击快速启动栏上的保存按钮，将工作簿以原文件名存盘。

拓展任务 2　家庭收支管理表

⇨ **任务描述**

一个家庭的开支多不胜数，很多时候钱花到哪里都不知道，利用 Excel 做一个家庭收支记账工具，钱花到哪里一目了然，有利于家庭财务管理。

⇨ **作品展示**

本任务完成后的效果图如图 4-72 所示。

月度家庭收支管理表

日期	三餐零食	居家用品	交通相关	服饰穿戴	水电气信	旅行娱乐	医疗保健	房车还贷	人情往来	其他	一天合计	备注
2018/1/1	200		6								206	
2018/1/2	18	60	20								98	
2018/1/3					200						200	
2018/1/4				1000							1000	
2018/1/5							60				60	
2018/1/6	200		20							50	270	
2018/1/7		100									100	
2018/1/8			16			500					516	
2018/1/9	200		16								216	
2018/1/10		300				52					352	
2018/1/11	30		22								52	
2018/1/12	25										25	
2018/1/13	20		16					2000			2036	
2018/1/14	180		16								196	
2018/1/15	36										36	
2018/1/16	30								200		230	
2018/1/17		260	20			60					340	
2018/1/18					100						100	
2018/1/19			20					1200			1220	
2018/1/20	200										200	
2018/1/21			12								12	
2018/1/22	35			600							635	
2018/1/23	20		6			200					226	
2018/1/24		300			50						350	
2018/1/25	30		12								42	
2018/1/26											0	
2018/1/27			6			48					54	
2018/1/28	210		6								216	
2018/1/29					50						50	
2018/1/30	20		6								26	
2018/1/31	30										30	
本月合计	1484	1020	220	1600	400	860	60	3200	200	50	9094	

(a)

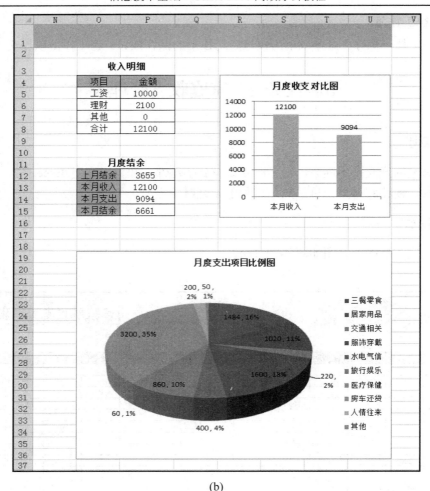

(b)

图 4-72　月度家庭收支管理表

⇨ 任务要点

➢　数据的录入。

➢　工作表的美化。

➢　公式计算和函数的使用。

➢　图表的建立的编辑。

⇨ 任务实施

1. 新建工作簿

(1) 启动 Excel 2010 应用程序，将新建的工作簿另存为"家庭收支管理表"。

(2) 重命名"Sheet1"为"1 月份"。

2. 数据录入

按图 4-73 所示录入数据。

图 4-73　录入基本数据

3. 格式化工作表

格式化工作表效果如图 4-74 所示(可以根据自己的喜好美化工作表)。

(1) 合并并居中 A1:U1 单元格，填充颜色为橙色，行高为 30，字体格式为黑体，20 磅。

(2) 合并并居中 A3:M3、O3:P3、O11:P11 单元格，字体格式为宋体、11 磅、加粗。

(3) 为 A4:M36、O4:P8、O11:P15 单元格添加细实线边框，字体格式为宋体、11 磅、居中。为 A4:M4、O4:P4、O12:O15 单元格填充橙色底纹。

(4) B5:L36、P5:P8、P12:P15 单元格的数字格式设置为数值型、负数第一种，小数位数为零。

图 4-74　格式化工作表

4. 公式与函数计算

通过公式与函数计算后的效果图如图 4-75 所示。

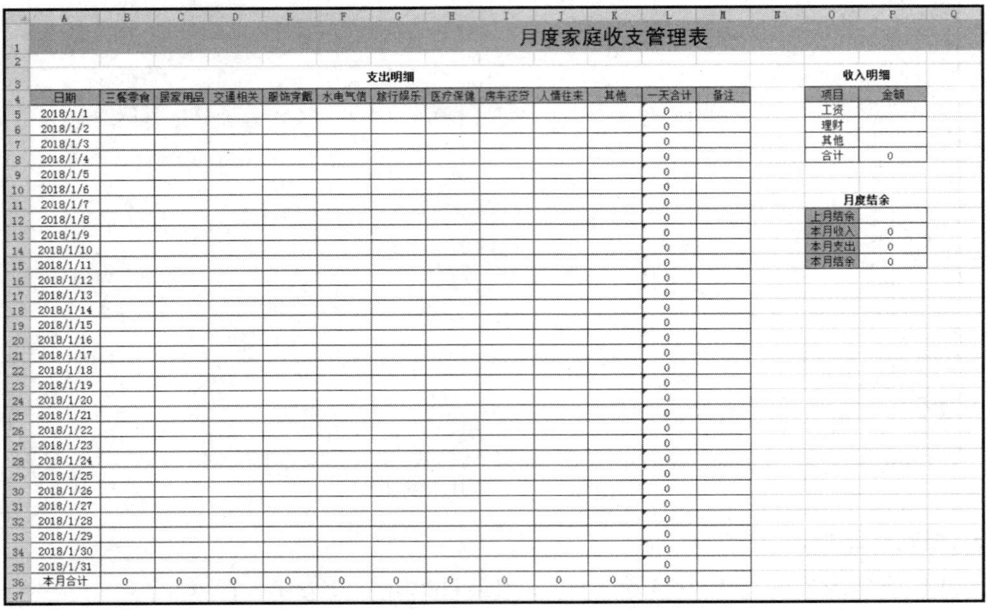

日期	三餐零食	居家用品	交通相关	服饰穿戴	水电气信	旅行娱乐	医疗保健	房车还贷	人情往来	其他	一天合计	备注
2018/1/1											0	
2018/1/2											0	
2018/1/3											0	
2018/1/4											0	
2018/1/5											0	
2018/1/6											0	
2018/1/7											0	
2018/1/8											0	
2018/1/9											0	
2018/1/10											0	
2018/1/11											0	
2018/1/12											0	
2018/1/13											0	
2018/1/14											0	
2018/1/15											0	
2018/1/16											0	
2018/1/17											0	
2018/1/18											0	
2018/1/19											0	
2018/1/20											0	
2018/1/21											0	
2018/1/22											0	
2018/1/23											0	
2018/1/24											0	
2018/1/25											0	
2018/1/26											0	
2018/1/27											0	
2018/1/28											0	
2018/1/29											0	
2018/1/30											0	
2018/1/31											0	
本月合计	0	0	0	0	0	0	0	0	0	0		

（月度家庭收支管理表 支出明细 / 收入明细：项目 金额 工资 / 理财 / 其他 / 合计 0 / 月度结余：上月结余 / 本月收入 0 / 本月支出 0 / 本月结余 0）

图 4-75　公式与函数计算后效果图

(1) 利用自动求和计算每天支出合计，完成 L5:L35 单元格的填充。一天合计=一天各项支出相加，如 L5=SUM(B5:K5)。

(2) 利用自动求和计算 1 月份单项支出之和，完成 B36:K36 单元格的填充。单项支出之和=单项每天支出相加，如 B36 = SUM(B5:B35)。

(3) 利用自动求和计算 1 月份支出总额：L36 = SUM(L5:L35)。

(4) 计算 1 月份总收入：P8 = P5 + P6 + P7。

(5) 本月收入(P13)引用 P8 单元格数据：P13 = P8。

(6) 本月支出(P14)引用 L36 单元格数据：P14 = L36。

(7) 本月结余(P15) = 上月结余 + 本月收入 − 本月支出：P15 = P12 + P13 − P14。

5. 建立并编辑图表

(1) 根据本月收入和本月支出数据，建立月度收支对比图，如图 4-76 所示。

图 4-76　月度收支对比图

选中 O13:P14 单元格，插入簇状柱形图，无图例，图表标题为：月度收支对比图。调整图表大小及位置到 R4:U15 单元格。

（2）根据本月单项支出数据，建立月度支出项目对比图，如图 4-77 所示。

选中 B4:K4、B36:K36 单元格，插入三维饼图，图表标题为：月度支出项目比例图。调整图表大小及位置到 O19:U36 单元格。

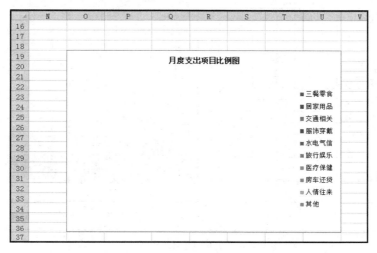

图 4-77　月度支出项目对比图

6. 录入具体数据

根据自己的实际情况，录入一些具体的收入和消费数据，效果如图 4-72 所示(录入具体数据后，可适当再编辑图表，如：设置系列的填充颜色，设置数据标签等)。

7. 保存工作簿

单击"文件→保存"命令或单击快速启动栏上的保存按钮，将工作簿以原文件名存盘。

拓展任务 3　高校学期末成绩表制作、统计与分析

⇨ 任务描述

在日常教学工作中经常要对学生的成绩数据进行处理和分析，利用 Excel 2010 强大的数据处理功能可以快速、高效地对学生成绩进行统计，将会大大提高工作效率。

期末考试已经结束，请利用 Excel 2010 对"学生成绩表"进行编辑、数据处理和分析，以便能够灵活运用所学的知识。

⇨ 作品展示

本任务制作的信息技术基础表如图 4-78 所示，各科成绩汇总表如图 4-79 所示，自动筛选数据如图 4-80 所示，高级筛选数据如图 4-81 所示，各科成绩分析表如图 4-82 所示，不同层次人数汇总如图 4-83 所示。

《信息技术基础》成绩表

学号	姓名	性别	平时成绩	期末成绩	总成绩
0556201	赵志军	男	90	76	82
0556202	于铭	女	91	84	87
0556203	许炎锋	男	96	73	82
0556204	王嘉	女	89	75	81
0556205	李新江	女	87	49	64
0556206	郭海英	女	85	77	80
0556207	马濑恩	女	45	60	54
0556208	王金科	男	93	60	73
0556209	李东慧	男	94	80	86
0556210	张宁	女	89	84	86
0556211	王孟	女	98	67	79
0556212	马会爽	男	69	84	78
0556213	史晓晓	女	50	85	71
0556214	刘燕凤	女	86	92	90
0556215	齐飞	男	74	74	74
0556216	张娟	女	86	76	80
0556217	潘成文	女	90	83	86
0556218	邢易	男	90	96	94
0556219	谢枭豪	男	90	94	92
0556220	胡洪静	女	86	73	78

信息技术基础 / Sheet2 / Sheet3

图 4-78 信息技术基础表

各科成绩汇总表

学号	姓名	性别	高等数学	大学英语	信息技术基础	总分	名次	等级
0556201	赵志军	男	73	65	82	220	12	合格
0556202	于铭	女	66	42	87	195	15	合格
0556203	许炎锋	男	79	71	82	232	9	良好
0556204	王嘉	女	95	99	81	275	1	优秀
0556205	李新江	女	98	88	64	250	4	良好
0556206	郭海英	女	43	69	80	192	17	合格
0556207	马濑恩	女	75	65	54	194	16	合格
0556208	王金科	男	71	65	73	209	13	合格
0556209	李东慧	男	84	74	86	244	5	良好
0556210	张宁	女	35	67	86	188	18	合格
0556211	王孟	女	79	98	79	256	3	优秀
0556212	马会爽	男	74	86	78	238	7	良好
0556213	史晓晓	女	85	81	71	237	8	良好
0556214	刘燕凤	女	94	缺考	90	184	19	合格
0556215	齐飞	男	80	77	74	231	10	良好
0556216	张娟	女	62	87	80	229	11	良好
0556217	潘成文	女	71	41	86	198	14	合格
0556218	邢易	男	72	75	94	241	6	良好
0556219	谢枭豪	男	91	77	92	260	2	优秀
0556220	胡洪静	女	缺考	96	78	174	20	不合格
班级平均分			75	75	80			
班级最高分			98	99	94			
班级最低分			35	41	54			
应考人数			20	20	20			
实考人数			19	19	20			
缺考人数			1	1	0			

信息技术基础 / 各科成绩汇总表

图 4-79 各科成绩汇总表

各科成绩汇总表

学号	姓名	性别	高等数学	大学英语	信息技术基础	总分	名次	等级
0556204	王嘉	女	95	99	81	275	1	优秀
0556205	李新江	女	98	88	64	250	4	良好
0556211	王孟	女	79	98	79	256	3	优秀
0556213	史晓晓	女	85	81	71	237	8	良好

图 4-80 自动筛选数据

	A	B	C	D	E	F	G	H	I
35	学号	姓名	性别	高等数学	大学英语	信息技术基础	总分	名次	等级
36	0556219	谢枭豪	男	91	77	92	260	2	优秀
37	0556220	胡洪静	女	缺考	96	78	174	20	不合格

图 4-81 高级筛选数据

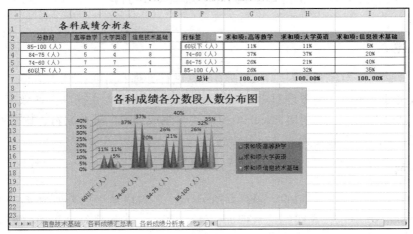

图 4-82 各科成绩分析表

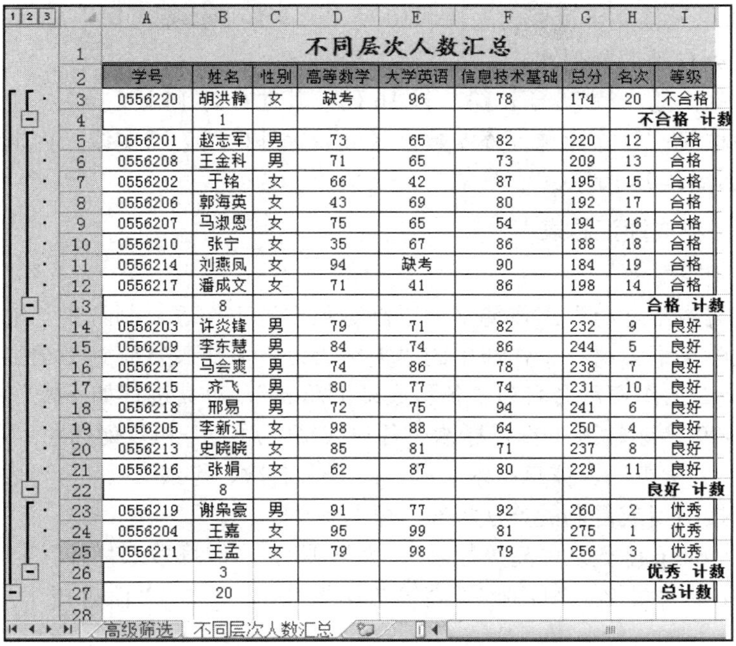

图 4-83　不同层次人数汇总

⇨ 任务要点

➢ 数据输入与填充。

➢ 编辑与格式化工作表。

➢ 公式计算和函数的使用。

➢ 数据排序与筛选。

➢ 图表的建立及编辑等。

⇨ 任务实施

打开 Excel 2010 应用程序，新建一个工作簿，保存工作簿，命名为"学生成绩表"，并对其进行如下操作。

1. 制作"信息技术基础"工作表

(1) 将 Sheet1 工作表重命名为"信息技术基础"。

(2) 按图 4-78 所示在工作表中输入数据。

① 填充"学号"列：学号从 0556201～0556220。

② 填充"信息技术基础"工作表中的"总成绩"，总成绩＝平时成绩*40%＋期末成绩*60%，数值型，负数第四种，无小数位。

(3) 格式化"信息技术基础"工作表。

① 标题格式化：合并 A1:F1 单元格区域并居中，楷体、16 磅，加粗，底纹填充"黄色"。

② A2:F2 单元格底纹填充"浅绿色"。

③ A2:F22 单元格文字设置为宋体、10 磅，水平居中、垂直居中。

④ A 到 F 列自动调整列宽。

⑤ 设置行高：第一行 25 磅，第二行 16 磅，其他行为 14 磅。

⑥ 设置边框线：给除标题行外的数据区域设置外框线为双实线，内框线为单实线。

最终效果如图 4-78 所示。

2. 制作"各科成绩汇总表"

(1) 复制工作表。

① 将"高等数学素材"工作簿中的"高等数学"工作表复制到"学生成绩表"中。

② 将"大学英语素材"工作簿中的"大学英语"工作表复制到"学生成绩表"中。

(2) 将 Sheet2 工作表重命名为"各科成绩汇总表"，对其进行如下操作：

① 按图 4-79 所示输入工作表标题"各科成绩汇总表"和各列标题"学号、姓名、性别、高等数学、大学英语、信息技术基础、总分、名次、等级"。

② 利用直接引用或复制的方法填充"学号"列。

③ 利用 Vlookup 函数从"高等数学""大学英语""信息技术基础"工作表中将"各科成绩汇总表"中的"姓名""性别""高等数学""大学英语""信息技术基础"字段填充完整。

④ 利用 Sum 函数计算每位学生的"总分"。利用 Rank 函数，按"总分"从高到低计算"名次"。利用 If 函数，根据"总分"计算"等级"，优秀(>=255)，良好(>=225 and <255)、合格(>=180 and <225)、不合格(<180)。

⑤ 参照图 4-79 分别在 A23、A24、A25、A26、A27、A28 单元格中输入"班级平均分、班级最高分、班级最低分、应考人数、实考人数、缺考人数"。

⑥ 利用函数和公式计算各科"班级平均分"、"班级最高分"、"班级最低分"、"应考人数"、"实考人数"、"缺考人数"，并放到相应位置。

⑦ 参照图 4-79 对"各科成绩汇总表"进行格式化设置。

3. 制作"各科成绩分析表"

在"学生成绩表"工作簿中将 Sheet3 工作表重命名为"各科成绩分析表"，并对其进行如下操作：

(1) 参考图 4-82 输入工作表标题"各科成绩分析表"和列标题"分数段""高等数学""大学英语""信息技术基础"；在 A3 到 A6 单元格分别输入"85—100(人)""84—75(人)""74—60(人)""60 以下(人)"。

(2) 利用函数统计出各科各分数段人数。

(3) 参照图 4-82 对工作表进行格式化。

(4) 根据各科成绩分析表数据创建数据透视表，存放于"各科成绩分析表"工作表中 F2 起始的单元格，行标签为"分数段"，数值为"高等数学""大学英语""信息技术基础"求和，所有数据均为宋体、10 磅，水平居中，垂直居中。

① 单击 G2 选中，再单击"数据透视表工具选项"选项上"计算"组中的"值显示方式"，在列表中单击选中"列汇总的百分比"。按同样的方法设置"大学英语"和"信息技术基础"列数据。

② 设置 G3:I6 单元格格式，无小数位。设置 F2:I5 单元格边框，外框线双实线，内框线为单实线。

(5) 根据数据透视表数据创建图表。

① 根据各分数段人数创建簇状圆锥图。

② 隐藏图表上的所有字段按钮(在图表上要隐藏的字段按钮上击鼠标左键，在快捷菜单中单击选中"隐藏图表上的所有字段按钮")。图表标题"各科成绩各分数段人数分布图"，华文楷体，字号 20，加粗，填充"黄色"。图表样式"样式 26"。图表区填充"橙色，强调文字颜色 6，淡色 40%"，图例填充"橙色，强调文字颜色 6，深色 25%"。显示数据标签。

4. 管理与分析"各科成绩汇总表"

(1) 制作"自动筛选"工作表：将"各科成绩汇总表"复制到新工作表，将新工作表重命名为"自动筛选"，筛选出同时满足以下 2 个条件的记录："性别"为女，"名次"在前 8 名，效果如图 4-80 所示。

(2) 制作"高级筛选"工作表：将"各科成绩汇总表"复制到新工作表，将新工作表重命名为"高级筛选"，筛选出总分小于 180 分的女生或总分大于等于 255 分的男生的记录，将结果显示在以 A35 为起始的单元格区域，效果如图 4-81 所示。

(3) 制作"不同层次人数汇总"工作表：将"各科成绩汇总表"复制到新工作表，将新工作表重命名为"分类汇总"，删除 28 行以下的数据，统计出不同等级层次的人数，效果如图 4-83 所示。

单元 5　PowerPoint 2010 演示文稿制作

PowerPoint 2010 中文版是微软公司开发的一款著名的多媒体演示设计与播放软件，是 Office 2010 最重要的组件之一。其允许用户以可视化的操作，将文本、图像、动画、音频和视频集成到一个可重复编辑和播放的文档中，通过各种数码播放产品展示出来。

⇨ 情景导入

某汽车股份有限公司以"客户满意"和"市场领先"为主要的营销战略目标，通过营销服务的创新变革，提升终端形象和服务质量，把人、财、物向"客户满意"聚焦，以超值服务为客户创造惊喜，不断提升客户满意度。

为了提升品牌形象，公司决定实施一系列的营销策略。办公室职员小李在接到制作公司宣传演示文稿的任务后开始收集公司宣传资料，着手制作演示文稿。

⇨ 学习要点

➢ 熟识 PowerPoint 2010 的操作环境。
➢ 学会使用不同方式创建演示文稿。
➢ 学会演示文稿的编辑及其外观的修饰美化。
➢ 学会为幻灯片设置的动画效果及放映幻灯片的技术。
➢ 学会幻灯片的母版设置技术。
➢ 学会演示文稿的保存与退出操作。

任务 1　制作公司概况部分

⇨ 任务描述

制作公司宣传演示文稿时，首要任务是对公司的概况做简单的介绍，包括公司简介、公司的股权结构、公司成员等。演示文稿的背景要进行统一风格的设计，因此，幻灯片母版的设置显得尤为重要。

⇨ 作品展示

图 5-1 所示为某汽车股份有限公司宣传公司概况的演示文稿效果。

图 5-1   公司概况的演示文稿

⇨ **任务要点**

➤ 启动 PowerPoint 2010 应用程序。
➤ 新建演示文稿的方法。
➤ 插入新幻灯片。
➤ 幻灯片版式的选取。
➤ 幻灯片母版的编辑。
➤ 在幻灯片中输入文本并设置其格式。
➤ 形状的使用及设置。
➤ 插入艺术字、图片并编辑。
➤ 保存和关闭演示文稿、退出应用程序等。

⇨ **任务实施**

1. 启动 PowerPoint 2010

启动 PowerPoint 2010 的方法与启动 Word 2010 和 Excel 2010 的方法一样，常用以下几种方法：

操作方法一：利用"开始"菜单启动。

选择"开始→所有程序→Microsoft Office→Microsoft PowerPoint 2010"项。

操作方法二：用桌面快捷图标启动。

在桌面上创建 PowerPoint 2010 快捷方式，双击此快捷图标即可。

操作方法三：双击打开保存在磁盘中以".pptx"为扩展名的幻灯片文档，也可启动 PowerPoint 2010 应用程序。

◇ **重点提示**

利用前两种方法启动 PowerPoint 2010 后，屏幕显示的是默认名为"演示文稿 1"的空演示文稿。

2. 插入新幻灯片

(1) 在"开始"选项卡的"幻灯片"功能组中单击"新建幻灯片"按钮右侧的三角按钮，如图 5-2 所示，然后在展开的列表中选择一个幻灯片版式。

(2) 选中第 1 张幻灯片，单击"新建幻灯片"按钮或者按"Ctrl＋M"组合键，即可在当前幻灯片后面插入一张新幻灯片，在此连续插入两张新幻灯片。

图 5-2   新建幻灯片

(3) 普通视图下，将鼠标定格在左侧窗口，按回车键可插入一张新的幻灯片。

◇ **重点提示**

幻灯片有多种版式,默认第 1 张幻灯片版式为"标题幻灯片",改变幻灯片版式的方法如下:
① 选中幻灯片，在"开始"选项卡"幻灯片"组的"版式"库中选择其他的版式。
② 选中幻灯片后右击，在弹出的菜单中选择"版式"列表中的所需选项。

3. 保存幻灯片、退出幻灯片的方法

1) 保存幻灯片

操作方法一：在"文件"列表中选择"保存"或"另存为"项，打开"另存为"对话框，在其中选择保存位置，输入文件名，单击"保存"按钮。

操作方法二：按下热键"Ctrl＋S"，打开"另存为"对话框，在其中选择保存位置，输入文件名，单击"保存"按钮。

2) 保存并退出

操作方法一：点击窗口右上角"关闭"按钮，弹出是否保存演示文稿提示框，点击"保存"按钮，即可保存文档并退出程序。

◇ **重点提示**

如果演示文稿没有保存过，点击"保存"会打开"另存为"对话框。

操作方法二：在"文件"列表中选择"关闭"或"退出"项，弹出是否保存演示文稿提示框，单击"保存"按钮，即可保存文档。

◇ **重点提示**

选择"关闭"项，只关闭当前演示文稿窗口，并不退出 PowerPoint；选择"退出"项，关闭当前演示文稿的同时退出 PowerPoint。

操作方法三：按下热键"Alt＋F4"，弹出是否保存演示文稿提示框，单击"保存"按钮可关闭当前文档。

◇ **重点提示**

幻灯片的多种保存格式：
① 保存为"PowerPoint 放映"(扩展名 .ppsx)，双击文件图标就可直接开始放映，而不再出现幻灯片编辑窗口。
② 保存为设计模板，今后再制作同类幻灯片时，就可以随时轻松调用。
③ 保存为大纲/RTF 文件，RTF 格式的文件可以用 Word 等软件打开，非常方便。
④ 保存为 Word 文档，点击"文件→保存并发送→创建讲义→创建讲义"，然后根据提示选择需要的版式及粘贴方式，再把文件保存为 Word 文档就可以了。
⑤ 保存为图片，PowerPoint 提供多种图片保存格式，如 GIF、JPEG、BMP、PNG 等。
⑥ 保存为 Web 页。

4. 制作幻灯片母版

1) 设置标题幻灯片母版

标题幻灯片母版效果如图 5-3 所示。

图 5-3   标题幻灯片母版效果图

(1) 切换至"视图"选项卡，在"母版视图"功能组单击"幻灯片母版"按钮，如图 5-4 所示，进入幻灯片母板视图。

图 5-4   母版视图组

(2) 单击"设计"选项卡"页面设置"功能组中的"页面设置"按钮，在打开的对话框设置幻灯片大小为全屏显示(16：9)，其他参数不变，如图 5-5 和图 5-6 所示。

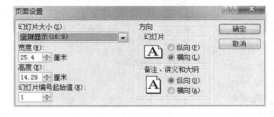

图 5-5   页面设置按钮   图 5-6   幻灯片大小的设置

(3) 单击幻灯片母版视图，在左侧列表中选择"标题幻灯片版式"，如图 5-7 所示。

图 5-7   标题幻灯片版式

(4) 插入底图和汽车图像。单击"插入"→"图像"→"图片"按钮，在打开的对话框中选择所需图片，本例为"单元 5\任务 1\素材\ditu1.png"，单击"插入"按钮插入一张底图，并将其移动到合适位置。用同样的方法再次插入"任务 1\素材\ditu2.png"(汽车图像)。

◇ **重点提示**

在"图像"功能组中可以插入"来自文件的图片""剪贴画""屏幕截图"和"相册"。

其中：在"屏幕截图"列表中选择"可用视图"列表中的选项，可以插入任何未最小化到任务栏的程序图片；若选择"屏幕剪辑"可以插入屏幕任何部分的图片；单击"新建相册"按钮，可将一组图片创建到一个演示文稿，每张图片占用一张幻灯片。

(5) 设置汽车图像的大小。

操作方法一：选中插入的 ditu2.png 汽车图像，切换至"图片工具格式"选项卡，在"大小"组中设置图像大小，高度 10.3 厘米、宽度 15.8 厘米，如图 5-8 所示。

操作方法二：选中图像，单击"图片工具格式"选项卡"大小"功能组右下角对话框启动器按钮，打开"设置图片格式"对话框，在其中也可设置图像的大小，如图 5-9 所示。

图 5-8　设置图像大小

操作方法三：选择需要设置的图像，在右键菜单中选择"大小和位置(Z)…"项，如图 5-10 所示，在打开的对话框中也可设置图像的大小。

图 5-9　单击对话框启动器按钮

图 5-10　使用快捷菜单

(6) 设置汽车图像的位置。打开"设置图片格式"对话框，设置图像的位置为左上角水平 0 厘米、垂直 4 厘米，如图 5-11 所示。

图 5-11　设置图像位置

◇ **重点提示**

定位图像位置的另外两种方法如下：

使用点击鼠标并拖动的方法移动图像到合适的位置。若按住"Alt"键并拖动图像可以将图像随意移动位置，精确定位。

(7) 绘制红色矩形形状。在"插入"选项卡的"插图"功能组中单击"形状"按钮，在展开的列表中选择"矩形"，如图 5-12 和图 5-13 所示，在幻灯片中按住鼠标左键并拖动，即可绘制出一个矩形。

图 5-12　形状按钮

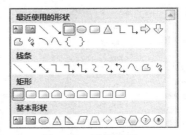

图 5-13　形状选择

(8) 设置矩形形状的颜色。单击"绘图工具格式"选项卡"形状样式"功能组"形状填充"按钮右侧的三角按钮，在展开的列表中设置矩形的颜色为深红色，如图 5-14 所示。

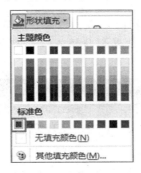

图 5-14　设置形状颜色

(9) 设置红色矩形形状的大小、位置。在"绘图工具格式"选项卡"大小"功能组设置矩形大小，高度 1.09 厘米、宽度 25.4 厘米；单击"大小"功能组右下角对话框启动器按钮，打开"设置形状格式"对话框，设置矩形的位置为自左上角水平 0 厘米、垂直 2.39 厘米，如图 5-15 和图 5-16 所示。

图 5-15　设置矩形大小   图 5-16　设置矩形位置

(10) 设置红色矩形的阴影。打开"设置形状格式"对话框，在左侧列表中选择"阴影"项，设置阴影为"外部—右下斜偏移"，参数如图 5-17 和图 5-18 所示。

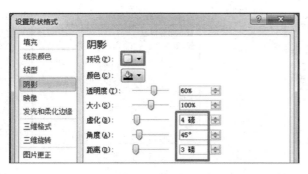

图 5-17　设置矩形阴影   图 5-18　外部—右下斜阴影

◇ **重点提示**

绘制形状后经常需要设置形状的样式，为此，可选中形状后单击"绘图工具 格式"选项卡，在"形状样式"功能组设置形状填充、形状轮廓、形状效果，如图 5-19～图 5-22 所示。

图 5-19　设置形状样式

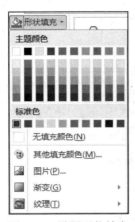

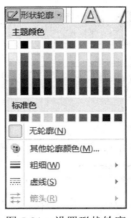

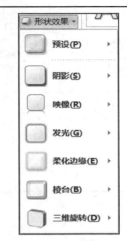

图 5-20　设置形状填充　　　　图 5-21　设置形状轮廓　　　　图 5-22　设置形状效果

(11) 绘制红色线条。切换至"插入"选项卡，在"插图"组中单击"形状→线条→直线"按钮，如图 5-23 所示，在幻灯片中绘制直线。

切换至"绘图工具格式"选项卡，单击"形状样式"功能组右下角对话框启动器按钮，如图 5-24 所示。打开"设置形状格式"对话框，设置线型为单线、0.75 磅，如图 5-25 所示；高度设置为 0 厘米、宽度为 25.4 厘米，设置线条的位置为自左上角水平 0 厘米、垂直 2.31 厘米。

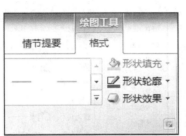

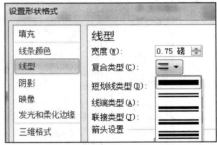

图 5-23　绘制线条　　图 5-24　形状样式对话框启动按钮　　　　图 5-25　设置线型

◇ **重点提示**

"组合"功能：把需要整体移动的图形或形状组合成一个整体，再移动组合中任何一个形状或图形时，整个组合内的所有内容都会跟着整体移动。

操作方法：绘制几个图形后，按住键盘的"Ctrl"建，鼠标依次单击各个形状，这个时候选中的形状周围都出现控制点，在其中任一个图形上单击鼠标右键，在弹出的快捷菜单中选择"组合"列表中的"组合"项，即可完成所选形状的组合。

(12) 添加文本。切换至"插入"选项卡，单击"文本"功能组中的"文本框"按钮，在幻灯片母版上单击或拖动添加文本框，输入文本"长城汽车股份有限公司"，在"开始"选项卡的"字体"功能组设置文本格式为黑体、23 磅、白色、加粗，如图 5-26～图 5-28 所示。

切换至"绘图工具格式"选项卡，单击"文本效果"，在展开的列表中设置文本阴影为"外部—右下斜偏移"，如图 5-29 所示。

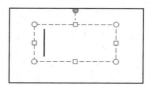

图 5-26　文本框按钮　　　　　　　　　　　图 5-27　文本框

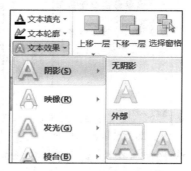

图 5-28　设置文本格式　　　　　　　图 5-29　设置文本阴影 1

再次添加文本框，输入文本："CHANGCHENG"，设置文本格式为 ArialBlack、30 磅、黑色；打开"设置形状格式"对话框，设置文本阴影为"外部—右下斜偏移"，参数设置虚化 1 磅、距离 1 磅，其他保持不变，如图 5-30 和图 5-31 所示。最后将设置好的文本拖动到合适位置。

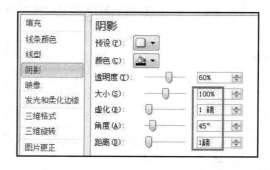

图 5-30　设置文本阴影 2　　　　　　图 5-31　设置阴影参数

(13) 添加公司 LOGO。插入"任务 1\素材\chebiao.png"图片，用鼠标拖曳的方法缩小图像，并放到合适位置。

2) 设置 Office 主题母版

幻灯片母版效果如图 5-32 所示。

(1) 在幻灯片母版视图的左侧列表中选择"Office 主题　幻灯片母版"。

(2) 插入"素材"文件夹中的"ditu1.jpg"图片作为底图。

(3) 绘制一个半透明矩形，打开"设置形状格式"对话框，设置矩形的高度为 14.29 厘米、宽度为 25.4 厘米，位置为自左上角水平 0 厘米、垂直 0 厘米；无轮廓线，填充色为渐变填充(类型为"线性"填充、颜色为"白色背景 1、深色 50%、透明度 81%")。参数设置如图 5-33 和图 5-34 所示。将半透明矩形放在底图上面的合适位置。

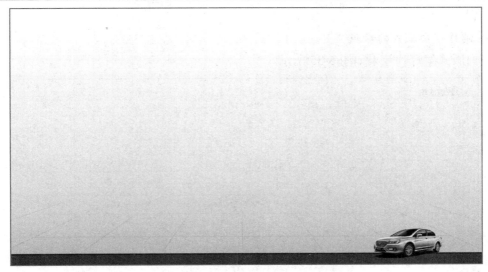

图 5-32　Office 主题母版

图 5-33　矩形填充色的参数设置

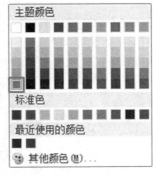

图 5-34　颜色设置

(4) 绘制两个矩形，参数设置分别为：矩形 1，高度为 0.51 厘米、宽度为 25.4 厘米，位置自左上角水平 0 厘米、垂直 13.68 厘米，颜色为深红色(R108，G0，B0)。矩形 2，高度为 0.53 厘米、宽度为 25.4 厘米，位置自左上角水平 0 厘米、垂直 13.76 厘米，颜色为标准色中的深红色(R192，G0，B0)。需要注意的是，为了制作出立体效果，矩形 1 要在矩形 2 的下面。

◇ **重点提示**

复制形状、文本、图形的方法：

方法一：选中对象，切换至"开始"选项卡，单击复制、粘贴按钮。

方法二：选中对象，按热键"Ctrl + C"复制图形，按热键"Ctrl + V"粘贴图形。

方法三：右击对象，在弹出的快捷菜单选择复制、粘贴命令。

方法四：按住"Ctrl"键的同时单击并拖动对象。

(5) 插入"任务 1\素材\ditu3.png"汽车图片，将其缩放到合适大小并放置幻灯片的右下角位置。

3) 制作空白版式的母版

空白版式幻灯片效果如图 5-35 所示。

图 5-35　空白版式幻灯片效果

(1) 在左侧的幻灯片母版列表中选择"空白"版式，如图 5-36 所示。

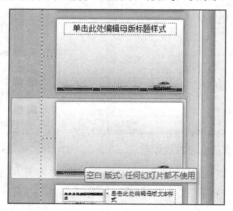

图 5-36　空白版式

(2) 插入公司车标图片"任务 1\素材\changchengqiche.png"，调整图片大小并放到合适的位置。

(3) 绘制黑色线条，设置其高度 1.5 厘米，宽度 0 厘米，将线条放到合适位置。

◇ **重点提示**

【Shift】键的妙用：

妙用一：绘制线条时按住"Shift"键，可画出水平、垂直以及呈 45° 角的直线。

妙用二：鼠标拖拽图片、形状、文字等进行放大或缩小时，按住"Shift"键可保持等比例缩放。

　　（4）右击左侧列表中设置完成的"空白"版式母版，选择"复制版式"项，复制出 1-空白版式母版。在母版中绘制高度和宽度均为 0.65 厘米的矩形，填充色为白色，并复制矩形，将填充色改为红色。将两个矩形错位放置，添加文本占位符，字符格式设置为黑体、20 磅。用同样的方法做出 2-空白版式母版和 3-空白版式母版，效果如图 5-37～图 5-39 所示。

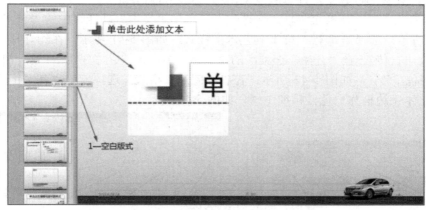

图 5-37　1-空白版式

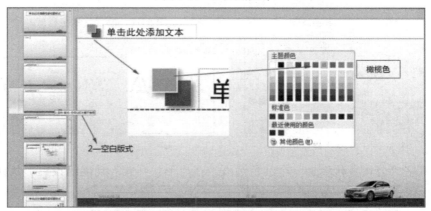

图 5-38　2-空白版式

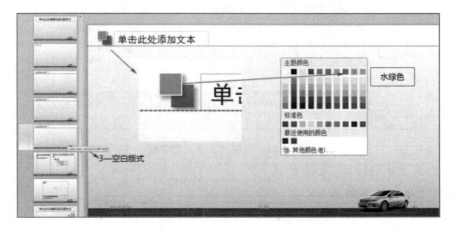

图 5-39　3-空白版式

(5) 切换至"幻灯片母版"选项卡，关闭母版视图后开始制作幻灯片。

5. 制作幻灯片

1) 制作第 1 张幻灯片：公司宣传封面

(1) 前面设置的标题幻灯片母版默认由第 1 张幻灯片使用。

(2) 插入艺术字。切换至"插入"选项卡，单击"文本"功能组中的"艺术字"按钮，如图 5-40 所示。选择第 1 行、第 1 列艺术字样式，如图 5-41 所示。在幻灯片中单击并输入文本"公司宣传"，在"开始"选项卡的"字体"组中设置艺术字为 54 磅、黑体、"黑色文本 1，淡色 35%"，如图 5-42 所示；在"绘图工具格式"选项卡的"艺术字样式"功能组中设置艺术字边框为白色，粗细 1 磅，如图 5-43 所示。

图 5-40　艺术字按钮

图 5-41　设置艺术字样式

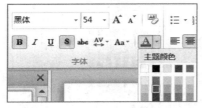

图 5-42　设置艺术字填充色

图 5-43　设置艺术字轮廓

给艺术字"公司宣传"加一个红色边框。在"形状样式"功能组设置形状样式为"彩色轮廓-红色，强调颜色 2"，如图 5-44 所示。

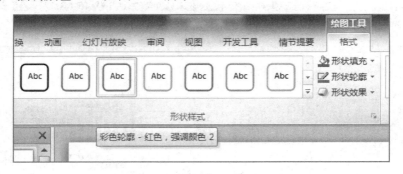

图 5-44　设置艺术字形状轮廓

2) 制作第 2 张幻灯片：公司概况

幻灯片效果如图 5-45 所示。

新建一张空白版式的幻灯片，可看到新建的空白版式幻灯片会自动使用前面设置的空白版式幻灯片母版效果。插入文本框，输入文本"PART 01"，字符格式为 Impact、60 磅、深红色；输入文字"公司概况"，字符格式为黑体、加粗、32 磅、黑色；绘制线条并设置线型为宽度 1 磅、虚线，颜色为深红色。

图 5-45　第 2 张幻灯片效果

3) 制作第 3 张幻灯片：公司简介

幻灯片效果如图 5-46 所示。

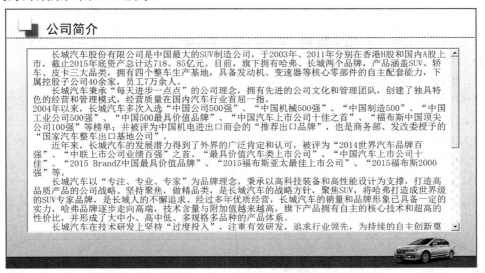

图 5-46　第 3 张幻灯片效果

由于公司简介内容较多，本单元中采用滚动条文本框的方式将内容展现出来。操作方法如下：

(1) 新建一张"1-空白版式"的幻灯片。

(2) 在文本占位符中输入文本"公司简介"，字符格式为黑体、20 磅。

(3) 切换至"开发工具"选项卡，单击"控件"功能中的"文本框"按钮，此时鼠标会变成一个十字型形状，在当前幻灯片上拖曳鼠标，画出一个适当大小的文本框对象。设置文本框属性，右击文本框，从快捷菜单中选择"属性"项，打开属性窗口，参数设置如图 5-47～图 5-49 所示。

 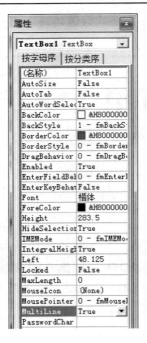 

图 5-47　属性命令　　图 5-48　滚动条文本框属性设置 1　　图 5-49　滚动条文本框属性设置 2

首先设置多行显示：将参数 MultiLine 设置为 True；

然后设置滚动条：ScrollBars(滚动)。

ScrollBars 下的选项所代表的意义如下：

"0-fmScollBarsNone"，代表无滚动条；

"1-fmScollBarsHorizontal"，代表显示水平滚动条；

"2-fmScollBarsVertical"，代表显示垂直滚动条；

"3-fmScollBarsBoth"，表示同时显示垂直和水平两个方向的滚动条。

(4) 属性设置完成后，在文本框的右键菜单中选择"文字框对象—编辑"命令，文本框变成编辑状态后，输入文本或复制粘贴"素材\公司简介.docx"文件中的内容到其中。

◇ **重点提示**

在功能区显示"开发工具"选项卡的方法：

① 在"文件"列表中选择"选项"项。

② 在打开的"PowerPoint 选项"对话框的左侧单击"自定义功能区"。

③ 在右侧找到"开发工具"并选中，单击"确定"按钮，开发工具即可显示。

4) 制作第 4 张幻灯片：长城汽车股权结构示意图

幻灯片效果如图 5-50 所示。

① 新建一张"1-空白版式"的幻灯片。

② 在文本占位符中输入文本"XX 汽车股权结构示意图"，字符格式为黑体、20 磅。

③ 参照效果图绘制股权结构示意图，因为这部分内容已在 Word 中着重讲解，具体操作方法不再赘述。

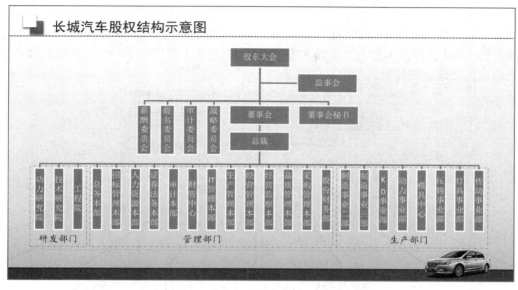

图 5-50　第 4 张幻灯片效果

5) 制作第 5 张幻灯片：介绍公司主要成员

幻灯片效果如图 5-51 所示。

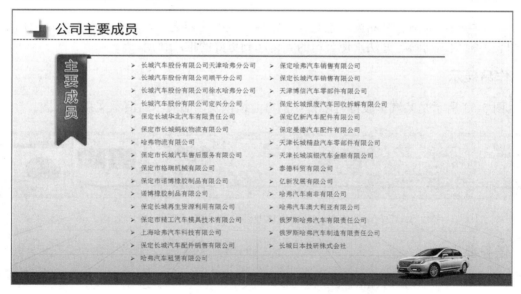

图 5-51　第 5 张幻灯片效果

在制作这张幻灯片时，小李准备的素材中有一个关于公司主要成员的 Word 文件，他想把这个文件内容直接插到这张幻灯片中，因此用到了幻灯片的插入对象技术，操作方法如下：

(1) 插入一张"1-空白版式"的幻灯片。

(2) 在文本占位符中输入文本"公司主要成员"，字符格式为黑体、20 磅。文本"主要成员"的输入、直线的绘制以及图片的插入这里不再讲述。

（3）切换至"插入"选项卡，选择"文本"功能组中的"对象"按钮。在打开的"插入对象"对话框选择"由文件创建"单选钮，单击"浏览"按钮，在打开的对话框中选择要插入的 Word 文件，本例为"单元 5 \任务 1\素材\企业主要成员.docx"，如图 5-52 所示，完成后单击"确定"按钮。

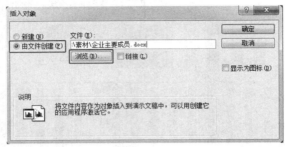

图 5-52　插入 Word 文件

任务 2　制作公司销售业绩、产品展示部分

⇒ 任务描述

汽车的销售业绩、产品展示也是公司宣传的重要内容之一。本任务中更多地运用了插入图表、视频、动画等方法，使公司的宣传起到更好的推广作用。

⇒ 作品展示

图 5-53 所示是某汽车股份有限公司销售业绩以及产品展示的演示文稿效果图。

图 5-53　公司销售业绩及产品展示部分

⇒ 任务要点

➤ 在幻灯片中插入表格、图表和视频。
➤ 设置幻灯片中对象的动画效果、幻灯片的切换效果。
➤ 幻灯片的放映技术。

⇒ 任务实施

1. 制作公司宣传的第二部分：销售业绩

1）制作第 6 张幻灯片：PART 02

幻灯片效果如图 5-54 所示。

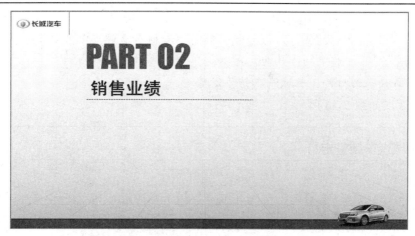

图 5-54   第 6 张幻灯片效果图

(1) 复制幻灯片。右击幻灯片窗格的第 2 张幻灯片，在弹出的菜单中选择"复制"项，在第 5 张幻灯片的下面单击，会出现闪动的光标，在右键菜单中选择"粘贴"项，复制出一张幻灯片。

(2) 在复制的幻灯片中更改文本内容为"PART 02""销售业绩"。

◇ **重点提示**

其他复制幻灯片的方法：

方法一：右击幻灯片，在弹出的菜单中选择"复制幻灯片"命令，会自动在选中的幻灯片下方复制出一张幻灯片。

方法二：选中幻灯片，按快捷键"Ctrl＋C"复制，将光标定位到幻灯片缩略图中合适的位置，按快捷键"Ctrl＋V"进行粘贴。

2) 制作第 7 张幻灯片：全球业绩

幻灯片效果如图 5-55 所示。

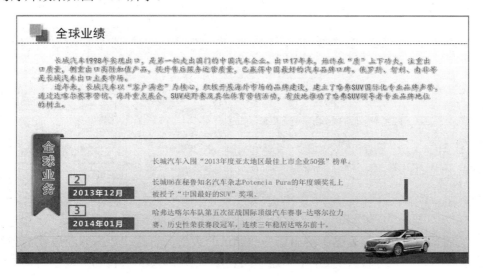

图 5-55   第 7 张幻灯片效果

（1）新建一张"2-空白版式"的幻灯片。

（2）幻灯片中的文本部分，可以复制、粘贴"素材"文件夹中的 Word 文件"全球业绩.docx"。参照幻灯片效果制作其他元素。

3）制作第 8 张幻灯片：长城汽车销量走势

幻灯片效果如图 5-56 所示。

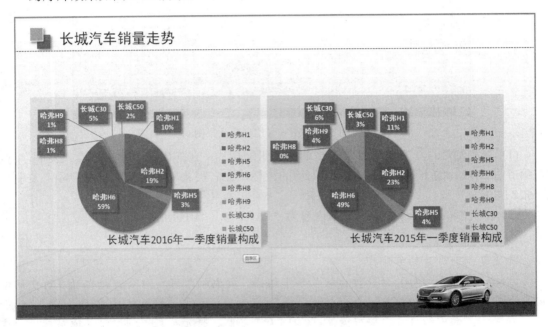

图 5-56　第 8 张幻灯片效果

（1）新建一张"2-空白版式"的幻灯片。

（2）在"插入"选项卡的"插图"功能组单击"图表"按钮，如图 5-57 所示。打开"插入图表"对话框，选择"饼图"图表样式，如图 5-58 所示，点击"确定"按钮。

图 5-57　插入图表

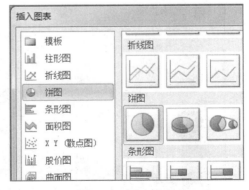

图 5-58　图表列表

（3）在打开的 Excel 表格中给出了一些默认的数据，将这些数据修改成我们需要的内容，数据如图 5-59 所示(这些数据用于建立图表)。关闭 Excel，会在幻灯片中自动创建一个图表，可看到图表就是依据我们在 Excel 中输入的数据创建的，如图 5-60 所示。

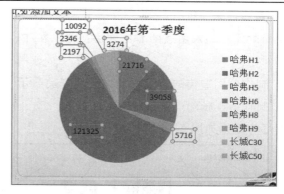

	A	B
1	车型	2016年第一季度
2	哈弗H1	21716
3	哈弗H2	39058
4	哈弗H5	5716
5	哈弗H6	121325
6	哈弗H8	2197
7	哈弗H9	2346
8	长城C30	10092
9	长城C50	3274

图 5-59　Excel 数据　　　　　　　图 5-60　图表数据

(4) 参考 Excel 中所讲的创建、编辑图表的方法，修改图表样式，参数如图 5-61～图 5-63 所示。

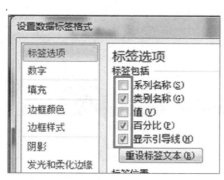

图 5-61　数据标签格式

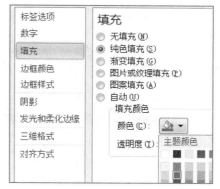

图 5-62　颜色填充

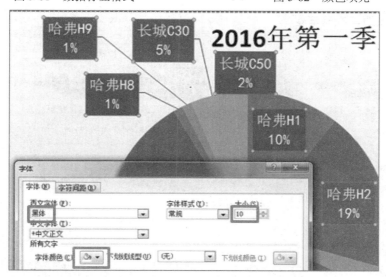

图 5-63　修改图表样式

(5) 用同样的方法制作 2015 年销量走势图，参考数据在"素材"文件夹中，打开"长城汽车 2015、2016 一季度销量走势.xlsx"。

◇ 重点提示

在幻灯片中插入图表的其他方法：可以在 Excel 中创建好图表，再将图表复制、粘贴到幻灯处中。

2. 制作公司宣传的第三部分：公司产品展示

1）制作第 9 张幻灯片：PART 03

幻灯片效果如图 5-64 所示。

图 5-64　第 9 张幻灯片效果

2）制作第 10 张幻灯片：长城汽车在售车型

幻灯片效果如图 5-65 所示。

图 5-65　第 10 张幻灯片效果

（1）新建一张"3-空白版式"的幻灯片。

(2) 在幻灯片中插入一个规格为 4*4 的表格。将光标定位在第 1 个表格中，在右键菜单中选择"设置形状格式"项。在打开的对话框中选择"图片或纹理填充"，并调整表格到合适大小，如图 5-66、图 5-67 所示。

(3) 分别在表格中填充相应的汽车图片(位于"任务 2\素材"文件夹)中并输入文本。

图 5-66　设置表格格式

图 5-67　图片填充

3) 制作第 11 张幻灯片：汽车视频展示

幻灯片效果如图 5-68 所示。

图 5-68　第 11 张幻灯片效果

(1) 新建一张"3-空白版式"的幻灯片。

(2) 切换至"插入"选项卡，单机"媒体"功能组中的"视频"按钮，在展开的列表中选择"文件中的视频"项，如图 5-69 所示，在"素材"文件夹中选择需要的视频，将其插入到幻灯片中。

图 5-69　插入视频

4）制作第 12 张幻灯片

幻灯片效果如图 5-70 所示。

图 5-70　第 12 张幻灯片效果

(1) 新建"标题幻灯片版式"的幻灯片。

(2) 插入艺术字"谢谢"，并设置艺术字样式。

3. 设置幻灯片的动画效果

1）自定义动画效果

选中对象后切换至"动画"选项卡，在"动画"功能组的"动画"列表中选择对象的动画效果。

将 PowerPoint 2010 演示文稿中的文本、图片、形状、表格、SmartArt 图形和其他对象制作成动画，赋予它们进入、退出、大小或颜色变化甚至随路径移动等视觉效果。具体有 4 种自定义动画效果，如图 5-71 所示。

(1) 进入效果。在 PowerPoint 的"动画"选项卡中，单击"动画"功能组中的"其他"按钮，或单击"高级动画"功能组中的"添加动画"按钮，展开列表，其中"进入"或"更多进入效果"都是自定义动画对象的动画出现形式，比如可以使对象逐渐淡入焦点、从边缘飞入幻灯片或者跳入视图中等。

(2) 强调效果。同样在 PowerPoint 的"动画"或 "添加动画"列表中，其中的"强调"或"更多强调效果"有"基本型""细微型""温和型""华丽型"等 4 种特色动画效果，这些效果包括使对象缩小或放大、更改颜色或沿着其中心旋转等。

(3) 退出效果。该自定义动画效果的区别在于：它与"进入"效果类似，但它是自定义对象退出时所表现的动画形式，如让对象飞出幻灯片、从视图中消失或者从幻灯片旋出等。

(4) 动作路径效果。该动画效果是根据形状或者直线、曲线的路径来展示对象游走的路径，使用这些效果可以使对象上下、左右移动或者沿着星形或圆形图案移动(与其他效果一起)。

图 5-71　自定义动画效果

　　以上 4 种自定义动画可以单独使用其中的任何一种，也可以将多种效果组合在一起。例如，可以对一行文本应用"飞入"进入效果及"陀螺旋"强调效果，使它旋转起来。也可以对设定了动画效果的对象设置出现的顺序以及开始时间、延时或者持续动画时间等。

下面以第 2 张幻灯片为例，介绍设置动画的方法。

① 选择文本"PART 02"，切换至"动画"选项卡，在"动画"功能组中选择"擦除"动画，如图 5-72 所示。

图 5-72　动画设置

② 单击"效果选项"按钮，在展开的列表中设置动画从左侧擦除，如图 5-73 所示。在"高级动画"功能组单击"动画窗格"，打开"动画窗格"，点击"播放"按钮，如图 5-74 所示，可播放设置的动画效果。

图 5-73　动画效果

图 5-74　动画窗格

③ 在"计时"组中设置擦除动画"与上一动画同时"开始播放，如图 5-75 所示，"持续动画"为 1 s。

④ 在幻灯片中选择虚线，设置"浮入"动画，从"上一动画之后"开始，"持续动画"为 1 s。在"动画窗格"中可调整动画出现的先后顺序：选中动画，用鼠标将其拖动到所需的位置，即可调整动画的播放顺序，如图 5-76 所示。

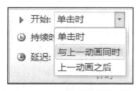

图 5-75　动画效果设置

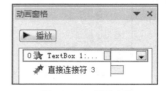

图 5-76　动画窗格

◇ 重点提示

自定义幻灯片动画技巧——"动画刷" ![动画刷] 。它是一个能将选中对象的动画复制并应用到其他对象的动画工具，位于"动画"选项卡"高级动画"功能组中。使用方法：单击已设置动画的对象，双击或单击"动画刷"按钮，当鼠标变成刷子形状时单击需要设置相同自定义动画的对象即可(双击可进行多次格式复制，单击可进行一次格式复制)。

2) 幻灯片切换效果

幻灯片切换效果，即给幻灯片添加切换动画。PowerPoint 2010 "切换"选项卡 "切换到此幻灯片"功能组有 "切换方案"及 "效果选项"。在 "切换方案"中可看到有 "细微型" "华丽型"和 "动态内容"等 3 种切换效果。

为第 2 张幻灯片设置切换效果为自左侧推进，无声音、幻灯片切换持续时间为 1.20 s、5 s 后自动换片。

操作方法：在 "切换"选项卡的 "切换到此幻灯片"功能组中，单击选择 "推进"幻灯片切换效果；单击 "效果选项"按钮，在展开的列表中选择 "自左侧"；在 "计时"功能组中，持续时间设置为 1.20 s，换片方式设置为自动换片，时间为 5 s，单击 "预览"按钮播放幻灯片切换效果。参数设置如图 5-77~图 5-80 所示。

图 5-77　幻灯片切换　　　　　　　　　　　图 5-78　幻灯片效果设置 1

图 5-79　幻灯片效果设置 2　　　　　　　　图 5-80　幻灯片效果设置 3

4. 放映幻灯片

(1) 切换至 "幻灯片放映"选项卡，单击 "从头开始"按钮或按键盘上的 "F5"键，可从第 1 张开始播放幻灯片。

(2) 单击 "从当前幻灯片开始"按钮或按快捷键 "Shift + F5"，可从当前幻灯片开始播放，如图 5-81 所示。

图 5-81　幻灯片放映

5. 打包幻灯片

打包，是指将独立的已综合起来共同使用的单个或多个文件，集成在一起，生成一种独立于运行环境的文件。将 PowerPoint 打包，能解决运行环境的限制和文件损坏或无法调用等不可预料的问题，打包文件能在没有安装 PowerPoint 的环境下运行。

(1) 打开要打包的演示文稿，在"文件"列表中单击"保存并发送→将演示文稿打包成 CD→打包成 CD"按钮，如图 5-82 所示

(2) 接下来在打开的"打包成 CD"窗口中，可以选择添加更多的 PPT 文档一起打包，也可以删除不要打包的 PPT 文档。最后单击"复制到文件夹"按钮，如图 5-83 所示。

图 5-82　幻灯片打包　　　　　　　　　　　图 5-83　幻灯片打包窗口

(3) 打开"复制到文件夹"对话框，选择打包文件的存放位置并输入文件夹名称，也可以保存默认不变，系统默认有在"完成后打开文件夹"的功能，不需要的话可以取消掉该选项，如图 5-84 所示。

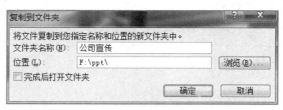

图 5-84　幻灯片放映

(4) 单击"确定"按钮后，系统会自动运行打包复制到文件夹程序。在完成之后自动弹出打包好的 PPT 文件夹，其中可看到一个名为 autorun.inf 的自动运行文件。如果是打包到 CD 光盘的话，其具备自动播放功能。

拓展任务 1　制作大学生职业生涯规划演示文稿

在职业生涯规划中，人生的职业目标有短期目标和长期目标，而且在一定时期还有可

能对职业目标提出一定调整。大学生应当尽快确定自己的职业目标，如打算成为哪方面的人才，打算在哪个领域成才等。对这些问题的不同回答不仅会影响个人职业生涯的设计，也会影响个人成功的机会。

前面 Word 部分我们制作了职业生涯规划书，利用制作的文件，结合前面所讲的知识，用文字、图形、色彩及动画的方式，制作一份职业生涯规划演示文稿，将需要表达的内容直观、形象地展示给大家。

制作幻灯片，首先要确定幻灯片模板。

方法一：如前面所讲任务 1 创建母版的方法制作一组母版；

方法二：直接使用 PowerPoint 2010 中的主题模板；

方法三：在互联网中搜索幻灯片模板，选择合适的模板下载并使用。

本书在"拓展任务 1"文件夹提供了本任务中样例使用的模板，制作完成后效果如图 5-85～图 5-95 所示。

图 5-85　大学生职业生涯规划 1

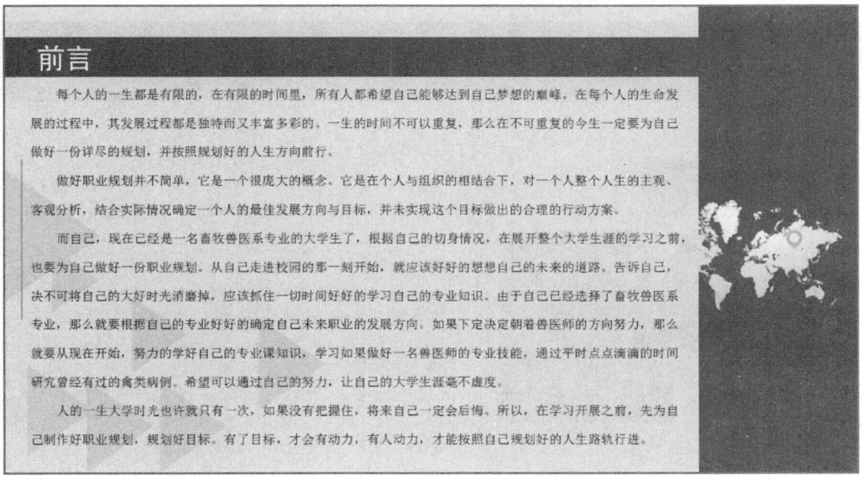

图 5-86　大学生职业生涯规划 2

自我认知——性格分析

分析型

支配型

表达型

➢ 经过"FPA性格色彩"的测试，以及我通过各种渠道所搜集到的各位老师与同学对我的评价，我较为全面的了解到了自己的性格。

➢ 测试结果显示我属于红色与黄色相间的性格，既有积极乐观的心态，又才思敏捷、善于表达。同时也具备固执、意志坚定、坦率了当的个性。

➢ 红色性格的人，适合做公共服务、人事、行政类的工作；黄色性格适合做开发类、营销类的工作。和我以后要面向的工作很贴近。

➢ 身边的人对我的评价大体也是如此，即拥有诚实踏实、积极向上、乐观开朗的性格。

图 5-87　大学生职业生涯规划 3

自我认知——职业能力

经过霍兰德职业测试，我是一个ERS类型的人。

类型	共同特征	典型职业
企业型（E）	具有领导才能 为人务实 敢冒风险	项目经理、销售人员、企业领导、
实际型（R）	动手能力强 做事手脚灵活 动作协调	技能性职业： （机械装配工、修理工、农民、一般劳动）
社会型（S）	喜欢与人交往 不断结交新的朋友 善言谈	咨询人员、公关人员

图 5-88　大学生职业生涯规划 4

自我认知——优劣势分析

　　我喜欢读书，喜欢钻研。性格偏外向、善于交际。而且为人诚实，做事认真，积极进取。具备从事精细工作的耐心。乐于帮助他人，对未来有美好的憧憬，愿意为了梦想而奋斗。我有着炽热的"三颗心"——热心、责任心和进取心。同时，从小生活条件艰苦，让我养成了不怕苦的精神，创业是一个艰苦的过程，在这个漫长艰苦的过程中，它将是我唯一的，也是最宝贵的财富。我也有着缺点，比如我为人比较固执，主观武断，对细节的注意度不够好，也经常不注意他人的感受，在无意中伤害到他人。因此，我现在正在努力改正这些缺点，争取使自己缺点越来越少。况且，来自农村，没有经济基础，决定了我的事业起点相对要低。

图 5-89　大学生职业生涯规划 5

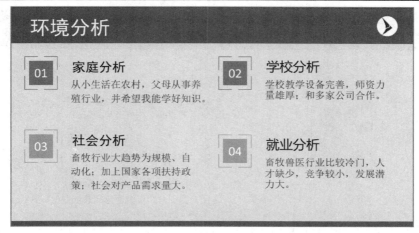

图 5-90　大学生职业生涯规划 6

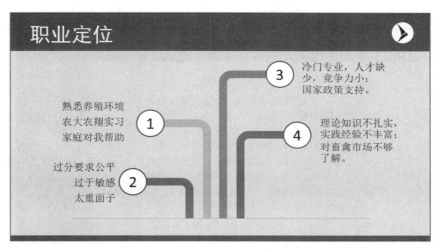

图 5-91　大学生职业生涯规划 7

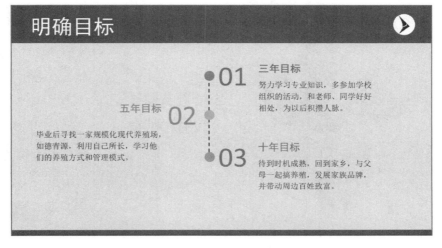

图 5-92　大学生职业生涯规划 8

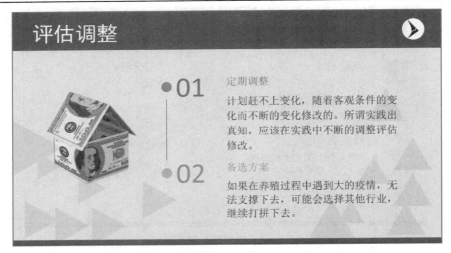

图 5-93　大学生职业生涯规划 9

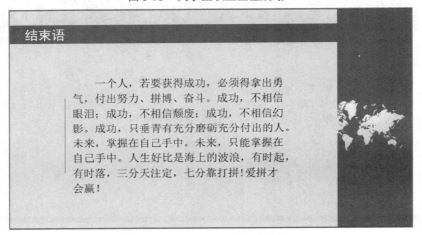

图 5-94　大学生职业生涯规划 10

图 5-95　大学生职业生涯规划 11

拓展任务 2　大学生职业生涯规划大赛作品展

图 5-96 和图 5-97 是我院学生参加职业生涯规划大赛的获奖作品，参照书中作品制作一份自己的职业生涯规划演示文稿。

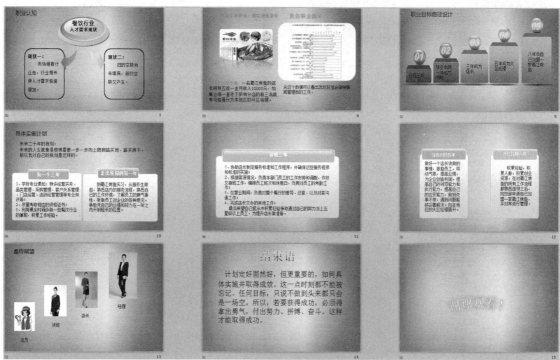

图 5-96　连锁经营管理专业学生参赛作品

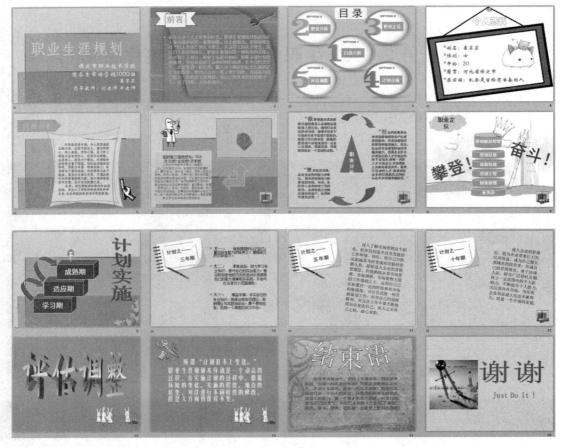

图 5-97　市场营销专业学生参赛作品

单元 6　计算机网络技术

通过使用计算机网络，人们打破了时间和空间的限制，建立了一个更加高效和丰富的网络世界。通过浏览器，人们可以轻易地在网络上搜索到所需要的信息；通过即时通信与电子邮件，人们可以随时随地与他人进行交流沟通；通过社交平台，人们可以自由地发表或传播信息。可以说，计算机网络技术是人们在当今社会必须学会的技能。

⇨ **情景导入**

本单元将带大家走进计算机网络，探索它的端倪，解决在工作、生活中使用计算机网络所出现的种种疑惑。

本单元中，假设读者为某公司一名员工，在工作中经常要用到计算机网络，要求学会使用浏览器，在网上快速查找资料，下载所需要的资源，进行即时通信与收发电子邮件，使用网上论坛、微博与微信公众平台等内容。

⇨ **学习要点**

➢ 能够熟练地使用 IE 浏览器。
➢ 学会搜索网页信息、音乐和视频的方法。
➢ 能够使用 IE 浏览器直接下载资源。
➢ 学会迅雷软件基本使用方法和高级使用技巧。
➢ 学会 QQ 的使用方法。
➢ 学会在论坛注册和发表帖子的方法。
➢ 学会微博的注册和使用方法。
➢ 学会微信公众平台的注册方法。

任务 1　将某公司首页设置成 IE 浏览器主页并收藏
——学会浏览器的使用

⇨ **任务描述**

用浏览器上网是互联网的最基本功能之一，而 IE 浏览器是最常用的浏览器之一。因此，本任务将以 IE 浏览器的使用方法为例，学习网上冲浪的方法以及浏览器的各种使用经验。

假设你是某汽车股份有限公司办公室的一名职员，在工作中经常要浏览公司的网站，查找相关的信息，如何把公司网站设置成主页。

⇨ 作品展示

本任务设置的效果如图 6-1 所示。

图 6-1　某公司主页

⇨ 任务要点

➢ 浏览器的界面组成。
➢ 利用浏览器保存资料。
➢ IE 浏览器的实用技巧。

⇨ 任务实施

1. 认识浏览器

浏览器是指可以显示网页服务器或者文件系统的 HTML 文件(标准通用标记语言的一个应用)，并让用户与这些文件交互的一种软件。大部分网页为 HTML 格式，一个网页中可包括多个文档，每个文档都是分别从服务器获取的。

(1) 浏览器的概念。浏览器是最常使用到的客户端程序，常见的网页浏览器有 QQ 浏览器、Internet Explorer、Firefox、Safari、Google Chrome、百度浏览器、搜狗浏览器、猎豹浏览器、360 浏览器、UC 浏览器、世界之窗浏览器等。Windows 操作系统里有自带的 IE 浏览器。

(2) IE 浏览器的窗口组成。IE 浏览器窗口主要由导航按钮、地址搜索栏、浏览标签、快捷按钮、浏览区、垂直滚动条和水平滚动条构成。

(3) IE 浏览器的"Internet 选项"设置。在"工具"列表中选择"Internet 选项"项，打开"Internet 选项"对话框，它包括 7 个选项卡，即"常规""安全""隐私""内容""连接""程序"和"高级"。

2．启动 IE 浏览器

启动 IE 的常用方法有以下几种：

(1) 双击桌面上的"Internet Explorer"图标 ⓔ。

(2) 单击任务栏上的"启动 Internet Explorer 浏览器"按钮。

(3) 在"开始"菜单中选择"所有程序→Internet Explorer"项。启动 IE 后，将出现 IE 浏览器窗口。

3．输入网址打开网页

在 IE 浏览器中，可以通过以下几种常用方法来打开要访问的网页：

(1) 在地址栏输入网址。打开 IE 浏览器，在地址栏中直接键入网址 (http://www.gwm.com.cn/index.htm)，如图 6-2 所示，或在其下拉列表框中选择一个 URL 地址，即可打开要访问的网页。

图 6-2　长城公司网址

(2) 通过网页链接打开网站。在互联网上有许多导航网站，这些网站的首页上有很多网站的链接，用户只需记住这个导航网站的网址，就能通过它访问许多网站。比如 QQ 导航(https://hao.qq.com/)，如图 6-3 所示。

图 6-3　QQ 导航网站

(3) 通过历史记录打开网站。单击窗口右上方的"查看收藏夹、源和历史记录"按钮，切换到"历史记录"选项卡，选择一个日期，并单击相应链接，如图 6-4 所示。

图 6-4　历史记录

(4) 利用收藏夹打开网站。单击窗口右上方的"查看收藏夹、源和历史记录"按钮，切换到"收藏夹"选项卡，先打开有关的文件夹，再从中选择收藏的网页。

◇　重点提示

收藏网页：打开需要收藏的网页，单击窗口右上方的"查看收藏夹、源和历史记录"按钮，打开"收藏夹"选项卡，如图 6-5 所示，单击"添加到收藏夹"按钮(快捷键"Ctrl + D")，在打开的对话框设置网页名称和保存位置，如图 6-6 所示，单击"添加"按钮完成收藏。

图 6-5　收藏夹　　　　　　　　　　　　　　图 6-6　添加到收藏夹

4. 设置公司首页为 IE 浏览器的主页

浏览器主页是指启动 IE 浏览器后默认打开的网页，用户可以将经常浏览的网页设置为浏览器的主页，操作方法如下：

(1) 打开需要设置为主页的网页，单击窗口上方的"工具"按钮 ⚙ 。

(2) 在展开的列表中选择"Internet 选项"，如图 6-7 所示。

(3) 打开"Internet 选项"对话框，在"常规"选项卡选中"使用当前页"，如图 6-8 所示，最后单击"确定"按钮保存设置。

图 6-7　Internet 选项　　　　　　　　　图 6-8　"常规"选项卡

5. 保存网页

保存页面的步骤如下：

(1) 打开需要保存的网页，单击窗口右上角的"工具"按钮。

(2) 在展开的列表中选择"文件→另存为"项，如图 6-9 所示。

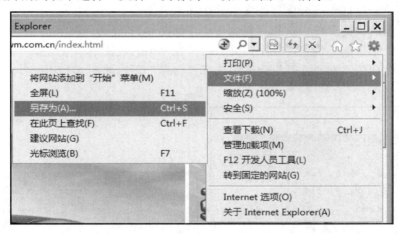

图 6-9　保存网页

(3) 打开"保存网页"对话框，设置网页的保存位置和保存类型，并输入文件名。单击"保存"按钮，如图 6-10 所示。

单击"保存类型"编辑框右侧的三角按钮，在展开的列表中可看到有 4 种文件类型可以选择。

① "网页，全部"选项：按原始格式将页面文件、图形、图像、框架、声音和样式表等所有信息保存到指定的位置，并建立相应的子文件夹。

② "Web 档案，单个文件"选项：把该 Web 页的全部信息保存到一个 HTML 文件中。

③ "网页，仅 HTML"选项：只保存 Web 页文字信息，不保存图像、声音或其他文件。

④ "文本文件"选项：将以纯文本文件格式保存 Web 页信息。

图 6-10　保存网页

6. 保存网页中的文字

如果只希望将浏览网页的部分文本保存起来，可以利用剪贴板来实现，操作方法如下：

(1) 在浏览器中选中需要保存的文本并在其上右击。

(2) 在弹出的快捷菜单中选择"复制"项，如图 6-11 所示。

(3) 打开"记事本"程序，在空白处右击，在弹出的快捷菜单中选择"粘贴"项。

(4) 复制完成后，在"文件"列表中选择"保存"项，如图 6-12 所示，将文本保存成文件。

图 6-11　复制文字

图 6-12　保存

7. 保存网页中的图片

如果用户对网页中的图片感兴趣，还可以保存网页中的图片，操作方法如下：

(1) 在浏览器中右击网页中需要保存的图片。

(2) 在弹出的快捷菜单中选择"图片另存为"项，如图 6-13 所示。

(3) 在弹出的"保存图片"对话框中设置图片保存位置并输入文件名，单击"保存"按钮，如图 6-14 所示。

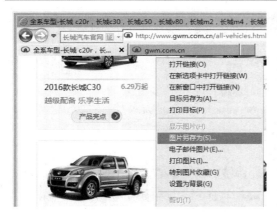

图 6-13   图片另存为   　　　　　图 6-14   保存图片

8. 浏览器的实用技巧

(1) 清除浏览历史记录。打开网页，打开"Internet 选项"对话框。在"常规"选项卡单击"删除"按钮，如图 6-15 所示，打开"删除浏览历史记录"对话框。选中相应的复选框，然后单击"删除"按钮，如图 6-16 所示。

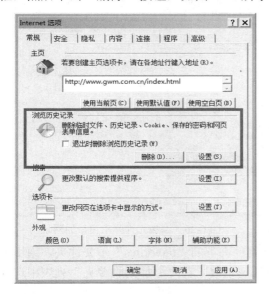

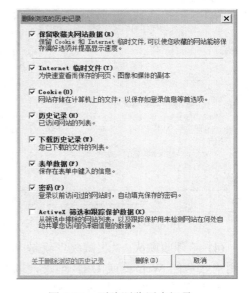

图 6-15   浏览历史记录   　　　　　图 6-16   删除浏览历史记录

(2) 过滤不受欢迎的网站。要过滤不受欢迎的网站，操作方法如下：

在"Internet 选项"对话框的"内容"选项卡中单击"启用"按钮，如图 6-17 所示。在打开的对话框中选择相应的限制类别，拖动滑块到适当位置，如图 6-18 所示，最后单击"确定"按钮。

(3) 过滤弹出的广告窗口。要过滤弹出的广告窗口，操作方法如下：

打开"Internet 选项"对话框，在"隐私"选项卡单击"设置"按钮，如图 6-19 所示。输入允许弹出窗口的网址，单击"添加"按钮。设置阻止级别，如图 6-20 所示，单击"关闭"按钮。

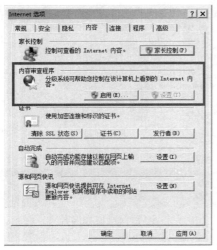

图 6-17 "内容"选项卡

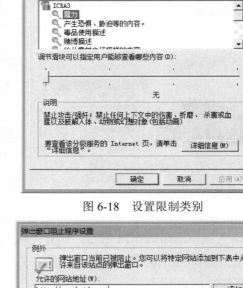

图 6-18 设置限制类别

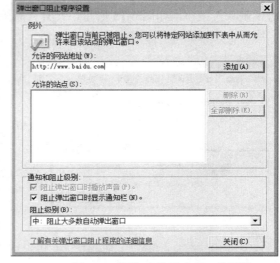

图 6-19 "隐私"选项卡   图 6-20 添加允许弹出窗口的网址

　　(4) 整理收藏夹。"收藏夹"就是 Windows 文件夹下的"Favorites"子文件夹,用于保存用户收藏的 Web 页或 URL 地址,以便随时快速链接。在"添加到收藏夹"列表中选择"整理收藏夹"项,如图 6-21 所示,打开"整理收藏夹"对话框,在其中可以对收藏的文件夹进行整理。

　　"整理收藏夹"对话框包含有"新建文件夹""移动""重命名"和"删除"等 4 个命令按钮,如图 6-22 所示。

　　① "新建文件夹"按钮:可在收藏夹中创建一个新的文件夹,用来存放指定的文件和网页。

　　② "移动"按钮:可以对网页或文件按主题分类,以便查找。选中需要移动的文件,单击"移至文件夹"按钮,打开"浏览文件夹"对话框,选择目标文件夹,单击"确定"按钮,该文件将被移入指定的文件夹。

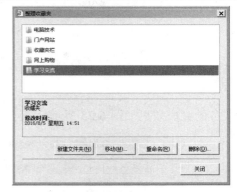

图 6-21　整理收藏夹　　　　　　　　　　　　图 6-22　整理收藏夹的 4 个按钮

③ "重命名"按钮：对文件和文件名进行重命名。选中需要更名的对象，单击对话框中的"重命名"按钮，输入修改后的对象名称即可。

④ "删除"按钮：用于删除收藏夹中没用或很少用的网页或文件。选中需要删除的对象，单击对话框中的"删除"按钮，打开"确认文件删除"提示框，单击"是"按钮。

(5) 打印需要的网上信息。若需要打印需要的网上信息，操作方法如下：

打开需要打印的网页，单击窗口右上方的"工具"按钮。在展开的列表中选择"打印→打印"项，如图 6-23 所示。打开"打印"对话框，选择要使用的打印机，如图 6-24 所示，单击"打印"按钮。

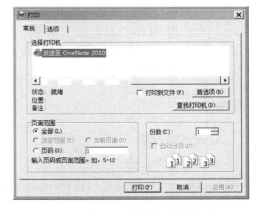

图 6-23　打印网页　　　　　　　　　　　　图 6-24　打印对话框

任务 2　搜索与汽车有关的信息
——在网上快速查找资料及下载需要的资源

⇨ **任务描述**

网上的信息浩如烟海，如果需要查找一些特定的资料，就要使用搜索引擎来搜索。搜索到需要的资源，如软件、资料和音乐等，还需将其从网络上复制到自己的计算机上，即

"下载"。

本任务利用搜索引擎在因特网上搜索 2016 年新款汽车的车型、报价及图片，并下载相关资料，了解市场信息，掌握本公司的发展方向。

⇨ **作品展示**

本任务的完成效果如图 6-25 所示。

图 6-25　搜索

⇨ **任务要点**

➢ 搜索网页信息、音乐和视频。
➢ 学会使用 IE 浏览器直接下载资源的方法。
➢ 迅雷的基本使用方法。
➢ 打开下载文件的方法。

⇨ **任务实施**

1. 认识搜索引擎

1) 搜索引擎的概念

搜索引擎是一种帮助用户在 Internet 上查找信息的搜索工具。它以一定的方式对 Internet 中的信息进行分类存储，并为用户提供检索服务，从而起到信息导航的目的。

搜索引擎实质上就是一个专门为用户提供信息检索服务的网站，可以帮助用户在最短的时间内查找到所需的信息。

2) 常见的搜索引擎

常见的搜索引擎有：http://www.baidu.com/（百度），http://www.yahoo.cn/（雅虎），http://www.sogou.com/（搜狗），http://www.iask.com/（新浪爱问），http://www.zhongsou.com/（中搜），http://www.soso.com/（搜搜）等。

3) 搜索引擎的基本使用方法

(1) 关键词检索法。关键词检索法是常用的搜索方法，在使用关键词搜索时，可以通过使用逻辑操作等进行多个关键词查询，搜索引擎中常用的逻辑关系语法有 AND、OR 和

NOT。

　　AND：可以使用空格、逗号、加号表示。

　　OR：可以使用"／"表示。

　　NOT：可以使用惊叹号或者减号表示。

　　(2) 目录检索法。分类目录的检索，是指将所有的网站或者网页分门别类地罗列在一起，方便大家查找。比如第一分类目录(http://www.dir001.com/)。在浏览器中输入地址：http://www.dir001.com/，打开分类目录页，如图 6-26 所示。在"站内搜索"编辑框输入"汽车"，如图 6-27 所示。单击"搜索"按钮，即可快速搜索出与关键字相关的站点。

图 6-26　第一分类目录网站　　　　　　　　　　图 6-27　汽车网站

4) 中文搜索引擎——百度

百度是全球最大的中文搜索引擎和最大的中文网站，百度搜索产品页面如图 6-28 所示。

图 6-28　百度搜索产品页面

其中，常用服务功能的网址如下：

搜索新闻资讯(http://news.baidu.com/)。

搜索精彩音乐(http://music.baidu.com/)。

搜索在线视频(http://video.baidu.com/)。

百度知道搜索答案(https://zhidao.baidu.com/)。

百度贴吧寻高手(http://tieba.baidu.com/)。

百度文库找资料(http://wenku.baidu.com/)。

百度识图(https://image.baidu.com/?fr=shitu)。

2. 在网上快速查找资料

(1) 启动 IE 浏览器，打开搜索引擎。在地址栏中输入网址 www.baidu.com，打开百度主页，如图 6-29 所示。

图 6-29　百度搜索引擎

(2) 输入关键字。根据需要可以输入不同的关键字来进行搜索。如输入关键词"2016年新款汽车"，如图 6-30 所示，单击"百度一下"，在查找到的内容信息中，所输入的关键字会以红色字体突出显示，可以根据需要浏览不同的网页，对自己所需的相关内容进行浏览并保存。

图 6-30　输入关键字

3. 在网上下载需要的资源

1) 直接下载资源

使用 IE 浏览器可以直接下载网络上的资源，操作方法如下：

(1) 打开 ppt 模板网页，网址为 http://sc.chinaz.com/ppt/。

(2) 选择喜欢的模板，在要下载的模板下方选择一个下载地址，如"电信高速下载"，如图 6-31 所示。

图 6-31　选择下载链接

(3) 在网页下方弹出的提示框中选择"保存"项，将文件下载到计算机中。

(4) 下载完毕后，单击"打开文件夹"按钮，在打开的文件夹可以看到下载的文件，如图 6-32 所示。

图 6-32　保存下载的文件

2) 通过"另存为"下载

由于某些网站进行了限制，访问者不能单击链接进行下载，可以使用"另存为"的方式进行下载。例如，要下载某汽车公司网站上的长城汽车客户无忧助手，操作方法如下：

(1) 右击"Android"，在弹出的快捷菜单中选择"目标另存为"项，如图 6-33 所示。

(2) 在打开的对话框中选择保存位置并设置软件名称，然后单击"保存"按钮。

图 6-33　目标另存为

3) 使用迅雷下载大文件

迅雷是一款下载软件，支持同时下载多个文件，支持 BT、电驴文件下载，是下载电影、视频、软件、音乐等常用的软件。迅雷软件的界面如图 6-34 所示。

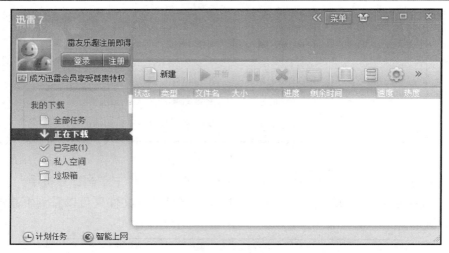

图 6-34　迅雷界面

4. 对迅雷进行简单的设置

选择 "工具"→"配置"→"常用配置"项，可以对迅雷进行简单的设置。

常用设置： 频繁使用迅雷的用户，可将"启动设置"设置成"开机启动运行"；如果之前就有任务但是突然关闭了，需要打开后再点击开始任务，也可以设置成"启动后自动开始未完成任务"；在特殊情况下，还可设置使用"启用老板键"，如图 6-35 所示。

任务默认属性设置： 可以设置下载文件保存在哪个目录下，也可以设置自动修改为上次使用过的目录，如图 6-36 所示。

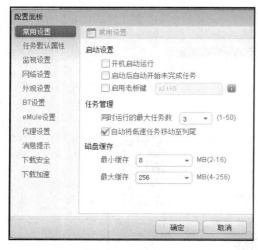

图 6-35　常用设置

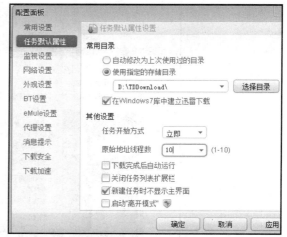

图 6-36　任务默认设置

监视设置： 不管在哪里点击下载，都是使用迅雷下载而不是别的下载软件，如图 6-37 所示。

网络设置： 如果有速度限制的话，就可以自定义下载速度；如果没有限制，就可以无限制的下载，如图 6-38 所示。

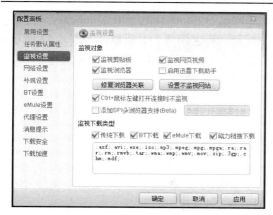

图 6-37　监视设置

图 6-38　网络设置

5. 使用迅雷下载软件

（1）使用右键下载功能在多特软件站(http://www.duote.com/soft/2054.html)下载软件，操作方法如下：

在下载地址栏右键点击任一下载链接，在弹出的快捷菜单中选择"使用迅雷下载"，如图 6-39 所示，弹出"新建任务"对话框，如图 6-40 所示。

图 6-39　使用迅雷下载

图 6-40　选择目录下载文件

设置好文件下载目录后单击"立即下载"按钮。下载完成后的文件会显示在左侧"已完成"的目录内，如图 6-41 所示，用户可对其自行管理。

图 6-41　下载文件

（2）如果知道一个文件的绝对下载地址，例如 http://3.duote.com.cn/thunder.exe，可以先复制此下载地址，复制之后迅雷会自动感应出并打开"新建任务"下载框，如图 6-42 所示。也可以点击迅雷主界面上的"新建"按钮，将复制的下载地址粘贴在新建任务栏中。

图 6-42　通过下载地址建立下载任务

6. 查看各种资料和文档

在网络上下载的各种格式的文档，要用与它对应的程序打开。文档格式与打开程序的对应关系如表 6-1 所示。

表 6-1　各种格式的文档所对应的打开程序

文 件 格 式	打 开 程 序
DOC、DOCX	用 Word 2010 打开
XLS、XLSX	用 Excel 2010 打开
PPT、PPTX	用 PowerPoint 2010 打开
HTM、HTML、MHT	用 IE 浏览器打开
WPS	用金山公司的 wps 软件打开
TXT	用记事本打开
RTF	用写字板打开
MP4、MKV、MPG、FLV、AVI、RMVB	用 QQ 影音等打开
MP3、WAV、AMR	用酷狗音乐、Windows Media 等软件打开
JPG、PNG、BMP、GIF	用 Windows 照片查看器打开
RAR、ZIP	用 WinRAR、Winzip 等打开
EXE	直接双击即可打开
PDF	用 Adobe Reader 打开
CAJ	用 CAJViewer 打开
PDG	用超星阅览器打开

任务 3　与公司其他员工或客户即时在线沟通

——即时通信与电子邮件

⇨ 任务描述

沟通与交流是人类的天性，在互联网上，用户可以通过聊天软件和收发邮件与好友或者客户交流。

　　假设你是某汽车股份有限公司一名销售经理，需要与客户进行业务上的交流与沟通，通过邮件收发关于产品的重要资料。如何在网上方便地和客户进行交流，并通过 Outlook 2010 收发电子邮件，管理客户订单的信息呢？

⇨ 作品展示

　　本任务的效果如图 6-43 所示。

图 6-43　Outlook 2010

⇨ 任务要点

> QQ 号码的申请。
> 在 QQ 中添加好友。
> QQ 群的创建。
> 收发邮件。
> Outlook 2010 设置邮箱帐号，收发电子邮件，管理邮件信息，删除邮件等。

⇨ 任务实施

1. 即时通信——使用 QQ 聊天软件

　　QQ 是腾讯公司开发的一款基于 Internet 的即时通信(IM)软件。QQ 支持在线聊天、视频通话、点对点断点续传文件、共享文件、网络硬盘、自定义面板、QQ 邮箱等多种功能，并可与多种通信终端相连，其标志是一只戴着红色围巾的小企鹅，如图 6-44 所示。

图 6-44　QQ

1）申请 QQ 号码。

用户需要先申请一个属于自己的 QQ 号码，才能和好友聊天。申请 QQ 号码可以通过邮箱申请或者手机号码申请，如图 6-45 和图 6-46 所示。

打开腾讯 QQ 的链接 http://zc.qq.com/chs/index.html，按提示填写相应信息，单击"立即注册"按钮进行申请。申请成功后，即可登录。

图 6-45　通过邮箱申请

图 6-46　手机号码申请

2）登录 QQ 与添加好友

申请 QQ 号码后，通过 QQ 客户端登录 QQ，然后进行在线聊天。

（1）登录 QQ 客户端。用户可以在 QQ 软件的首页(http://im.qq.com/)下载最新版 QQ 软件，分别输入 QQ 号码与 QQ 密码，单击"登录"按钮登录 QQ。

（2）添加 QQ 好友。

运行 QQ 软件，在 QQ 面板中单击最下方的"查找"按钮。输入联系人的 QQ 帐号，单击"查找"按钮，此时在下方的搜索列表中会显示搜索到的结果，单击"添加好友"按钮，在打开的界面的"请输入验证信息"编辑框中输入文字，然后单击"下一步"按钮。接着在打开的页面中输入好友的备注姓名并设置分组，单击"下一步"按钮。此时添加好友的请求即会发送给对方，单击"完成"按钮，等待对方确认后，即添加好友成功。

3)　与好友聊天

在线聊天是 QQ 最基本的功能，主要包括文字聊天、语音和视频聊天，如图 6-47 所示。

(1)　与好友进行文字聊天，在聊天时插入表情。

(2)　与好友进行语音视频聊天(计算机需配置有麦克风和摄像头)。

4)　QQ 群与讨论组

(1)　创建讨论组。

(2)　创建 QQ 群，如图 6-48 所示。

图 6-47　文字聊天和语音、视频聊天　　　　　　图 6-48　QQ 群和讨论组

5)　给好友发送图片、截图、文件

(1)　在聊天窗口单击"发送图片"、"传送文件"按钮，可向好友发送图片和文件。

(2)　在聊天窗口中单击"屏幕截图"按钮，可发送屏幕截图，如图 6-49 所示。

6)　请好友远程协助解决计算机问题

(1)　双击需要求助的好友头像，打开聊天窗口。

(2)　单击"远程协助"按钮，即可向好友发送请求，当对方确认后，即可操控自己的电脑，如图 6-50 所示。

图 6-49　发送图片、截图、文件　　　　　　　图 6-50　远程协助

7)　个性 QQ 随心设置

设置 QQ 头像，编辑个性签名，修改好友备注。

2. 快速掌握电子邮件

1) 电子邮件的概念

电子邮件是一种用电子手段提供信息交换的通信方式，是互联网应用最广的服务。传播的信息可以是文字、图像、声音等多种形式。同时，用户可以得到大量免费的新闻、专题邮件，并实现轻松的信息搜索。电子邮件的存在极大地方便了人与人之间的沟通与交流，促进了社会的发展。

2) 申请免费电子邮箱

打开要申请邮箱的网站主页(如 http://mail.163.com/)，单击"注册"按钮，如图 6-51 所示。在弹出的页面中根据提示填入邮箱信息，如图 6-52 所示，点击"立即注册"按钮(提示：有三种注册方式，字母、手机号及 VIP 方式，根据自己需要选择不同的方式)，在弹出的界面中填写验证码，邮箱注册成功后进入邮箱。

图 6-51　163 邮箱

图 6-52　注册邮箱

3) 撰写与发送电子邮件

(1) 进入邮箱主界面之后，如果有朋友给你发送邮件，会有未读邮件提示，单击"未读邮件"，进入未读邮件界面，打开邮件并阅读。

(2) 如果要给朋友发送邮件，可在邮箱主页面左侧选择"写信"链接。

(3) 在打开的"写信"界面中填写收件人的邮箱地址以及邮件主题、内容。邮件编辑完成后，选择"发送"按钮，如图 6-53 所示。

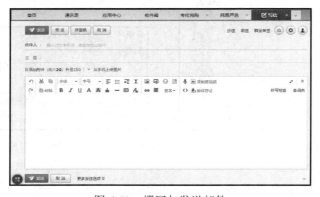
图 6-53　撰写与发送邮件

4)　用邮件发送照片

(1) 在邮件编写界面中单击"添加图片"按钮，进入"添加图片"界面，单击"浏览"按钮，如图 6-54 所示。

(2) 在打开的对话框中选择要添加的图片，单击"打开"按钮，如图 6-55 所示。此时图片即被上传并插入到邮件中，单击"发送"按钮即可发送。

图 6-54　添加图片　　　　　　　　　图 6-55　选择图片

5)　发送邮件附件

(1) 在邮件编写界面中单击"添加附件"链接。

(2) 在打开的对话框中找到并选中要添加的文件，单击"打开"按钮，如图 6-56 所示。此时文件即以附件的形式上传到邮件中，单击"发送"按钮即可发送。

图 6-56　发送邮件附件

3. 使用邮件客户端收发邮件

由于每次都通过网页登录邮箱的操作比较繁琐，对于经常收发邮件的用户来说，更多地还是使用邮件客户端来收发邮件。下面以 Outlook 2010 客户端为例进行说明。

1) 启动 Outlook 2010

启动 Outlook 2010 的常用方法有以下几种：

(1) 选择"开始→所有程序→Microsoft Office→Microsoft Outlook 2010"项。

(2) 双击桌面上的"Microsoft Outlook 2010"快捷方式图标。

2) 设置 Outlook 邮件帐户

(1) 在 Outlook 主界面"文件"列表中选择"信息"选项，打开"帐户信息"窗口，单击"添加帐户"按钮。打开"添加新帐户"对话框，选择"电子邮件帐户"项，然后单击"下一步"按钮。

(2) 进入"自动帐户设置"界面，选中"手动配置服务器设置或其他服务器类型"单选钮，然后单击"下一步"按钮返回"选择服务"对话框。

(3) 单击"下一步"按钮，打开"Internet 电子邮件设置"对话框，在其中填写用户信息、服务信息和登录信息，再单击"其他设置"按钮。

(4) 在打开的对话框的"发送服务器"选项卡中选中"我的发送服务器(SMPT)要求验证"选项，单击"确定"按钮返回"添加新帐户"对话框。单击"测试帐户设置"按钮，即可测试成功。

◇ **重点提示**

若要在第三方软件 Outlook 中使用 163 邮箱，首先需要开启 POP3 和 SMTP 服务，方法是：登录申请的 163 邮箱，单击界面右上角的"设置"选项卡标签，在展开的列表中单击"邮箱设置"选项。在更新页面的左侧窗格中单击"POP3/SMTP/IMAP"选项(如果用户没开通"客户端授权密码"，可根据提示开通，这需要用户将手机号与邮箱绑定，按提示操作即可)，选中"开启 POP3 服务"和"开启 SMTP 服务"复选框，单击"保存"按钮完成设置。

3) 接收邮件

(1) 在 Outlook 主页面单击"发送/接收"标签，再单击"发送/接收所有文件夹"按钮。

(2) 此时系统会自动收取邮件服务器上的邮件，如果有未发送的邮件，也会自动发送。

4) 创建邮件

(1) 单击"开始"选项卡中的"新建电子邮件"按钮，打开邮件窗口。

(2) 在"收件人"编辑框中输入收件人地址，并输入邮件主题、邮件正文，单击"发送"按钮即可将邮件发送。

5) 回复邮件

(1) 在"开始"选项卡的"邮件"列表中双击要查看的邮件。

(2) 单击"答复"按钮，输入邮件回复内容，再单击"发送"按钮。

6) 过滤垃圾邮件

(1) 在"开始"选项卡单击"规则"按钮，在展开的列表中选择"管理规则和通知"项。

(2) 单击"新建规则"按钮，选择"将主题中包含特定词语的邮件移至文件夹"项。

(3) 单击"特定词语"链接，输入过滤关键词，然后单击"添加"和"确定"按钮。

(4) 单击"指定"链接，选中"已删除邮件"文件夹，单击"确定"按钮。再单击"完成"按钮，最后单击"确定"按钮。

任务4 利用网络大舞台宣传某公司
——网上论坛、微博与微信公众平台

⇨ **任务描述**

论坛具有发表观点、交流思想的作用，是长盛不衰的网络应用；微博，更是具有实时互动的功能，受到广大网民的喜爱；随着微信用户的不断增多，微信公众平台也是企业的宣传平台。假设你是某汽车股份有限公司一名市场部经理，需要通过网络这个大舞台对企业进行宣传，应该怎样做呢？

⇨ **作品展示**

本任务的完成效果图如图 6-57 所示。

图 6-57 新浪微博

⇨ **任务要点**

➤ 在论坛注册帐号，在论坛发表帖子。
➤ 微博的使用方法。

> 注册微信公众号，编辑和发布信息。

⇨ 任务实施

1. 网上论坛灌水

1）热门论坛推荐

平常网民经常访问的论坛如下：

百度贴吧 http://tieba.baidu.com/。

新浪论坛 http://bbs.sina.com.cn/。

搜狐社区 http://club.sohu.com/。

天涯社区 http://www.tianya.cn/。

腾讯 QQ 论坛 http://bbs.qq.com/。

2）注册汽车论坛

打开汽车之家论坛的首页(http://club.autohome.com.cn/)，单击"注册"按钮，按要求填写信息并点击"同意协议并注册"，如图 6-58 所示。

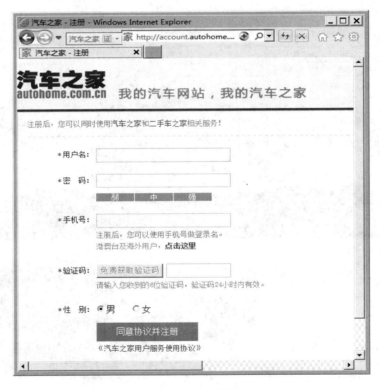

图 6-58　注册论坛

3）发表自己的贴子

若要在论坛中发表帖子，首先要登录网站，登录成功后即可在相应的论坛版块发表帖子。如选择长城 C30 论坛，如图 6-59 所示。单击"发新帖"按钮，在展开的列表中选择"发表新帖"项，如图 6-60 所示，然后输入帖子标题和正文内容，单击"发表"按钮。

图 6-59   选择论坛

图 6-60   发新帖

4) 常用术语普及

BBS：Bulletin Board System 的缩写，指电子公告板系统，国内统称论坛。

版主：版主也可写作板猪、斑竹，副版主叫"板斧"。

马甲：注册会员又注册了其他的名字，这些名字统称为马甲，与马甲相对的是主 ID。

菜鸟：原指电脑水平比较低的人，后来广泛运用于现实生活中，指在某领域不太拿手的人。与之相对的就是老鸟。

大虾："大侠"的通假，指网龄比较长的资深网虫，或者某一方面(如计算机技术，或者文章水平)特别高超的人，一般人缘声誉较好才会得到如此称呼。

灌水：原指在论坛发表的没什么阅读价值的帖子，现在习惯上会把绝大多数发帖、回帖统称为"灌水"，不含贬义。

潜水：天天在论坛里呆着，但是不发帖、只看帖子，而且注意论坛日常事务的人。

拍砖：对某人某帖发表与其他人不同看法和理解的帖子。

刷屏：指打开一个论坛，所有的主题帖都是同一个 ID 发的。

楼主：发主题帖的人。

沙发：SF，第一个回帖的人。后来，坐不到沙发的人，声称自己坐了"床"或楼主的"大腿"。

路过：不想认真回帖，但又想拿回帖的分数或经验值。与之相对的字眼还有：顶、默、灌水、无语、飘过、路过等。

顶：一般论坛里的帖子一旦有人回复，就到主题列表的最上面。这个回复的动作叫做"顶"，与"顶"相对的是"沉"。

5) 浏览、回复帖子

游览、回复帖子是指在帖子列表中，单击要浏览帖子的链接，浏览帖子内容后单击"回复"链接，输入回复的内容，单击"发表"按钮。

2. 使用新浪微博

新浪微博即"微型博客"或者"一句话博客"，每篇单条只能输入 140 字，内容可以为现场记录、独家爆料、心情随感等。

1) 注册并开通微博

(1) 在微博首页(http://weibo.com/)注册微博。

(2) 设置相关资料：昵称、域名、介绍等，如图 6-61 所示。

（3）填写手机号码，并根据提示使用手机发送验证码到指定号码。微博短信通知已成功绑定手机，开通完成。

图 6-61　注册微博

2）微博功能

微博为用户提供了如下几种功能。

发布功能：用户可以像使用博客、聊天工具一样发布信息。

转发功能：用户可以把自己喜欢的内容一键转发到自己的微博，转发时还可以加上自己的评论。转发后所有关注自己的用户能看见这条微博，他们也可以选择再转发，加入自己的评论，如此无限循环，信息就实现了传播。

关注功能：用户可以对自己喜欢的用户进行关注，成为这个用户的关注者，那么该用户的所有更新内容就会同步出现在自己的微博首页上。关注数量的上限是 2000 人。

评论功能：用户可以对任何一条微博进行评论。

搜索功能：用户可以在两个"#"号之间插入某一话题，以展开讨论实现信息的聚合。

私信功能：用户可以点击"私信"按钮，给新浪微博上任意一个开放了私信端口的用户发送私信，这条私信将只被对方看到，实现私密的交流。

3. 微信公众平台

微信公众平台(https://mp.weixin.qq.com/)就是一个给个人、企业和组织提供业务服务与用户管理能力的全新服务平台。例如：某汽车公司公众号如图 6-62 所示。

图 6-62　长城汽车公司公众号

　　1) 服务号、订阅号、企业号的介绍

　　(1) 订阅号：主要偏向于为用户传达资讯(类似报纸杂志)，认证前后每天只可以群发 1 条消息。

　　(2) 服务号：主要偏向于服务交互(类似银行、114 提供服务查询)，认证前后每个月可群发 4 条消息。

　　(3) 企业号：主要用于公司内部通信使用，需要先有成员的通信信息验证，才可以成功关注企业号。

　　2) 注册微信公众号

　　(1) 打开 http://mp.weixin.qq.com/，单击右上角的"立即注册"按钮，然后填写邮箱信息。

　　(2) 登录注册的邮箱，查看激活邮件，单击链接以激活公众号。

　　(3) 了解订阅号、服务号和企业号的区别后，选择需要的帐号类型。

　　(4) 选择企业类型注册，信息登记，填写相关信息、企业名称、营业执照注册号，选择主题验证方式、自动对公打款验证或者人工验证。

　　(5) 填写帐号名称、功能介绍、运营地区。注册成功后可以开始使用该公众号。

　　3) 微信公众平台功能

　　(1) 群发功能。

　　服务号：1 个月内仅可以发送 4 条群发消息。服务号发给粉丝的消息，会显示在粉丝的聊天列表中。

　　订阅号：每天可以发送 1 条群发消息。订阅号发给粉丝的消息，将会显示在粉丝的订阅号文件夹中。

　　(2) 编辑模式。

　　被添加自动回复：是指当微信用户关注您的微信公众号时自动推送 1 条内容，支持文字、图片、语音、视频等类型。

　　消息自动回复：当粉丝发送消息给公众号时，若未设置关键词自动回复或匹配不到相关的关键词，系统会自动推送该消息给粉丝。

　　关键词自动回复：可设置单个/多个关键词和回复，当粉丝发送消息，系统会通过匹配关键词自动回复粉丝。

　　(3) 开发模式。

　　使用公众平台的开发接口，公众号可在自身服务器上接收用户的微信消息，并可按需回复。此外，还提供了更多更高级的功能和体验，如会话界面的自定义菜单、获取更多类型的消息等。

拓展任务 1　上网冲浪——IE 浏览器

1. 网页浏览

　　(1) 将搜狐网站添加到"开始"菜单以方便使用，通过历史记录快速打开访问次数最多的网站，放大网页的显示比例。

(2) 启用快速导航选项卡方便网页的切换，单击链接时应在新选项卡中打开，避免覆盖当前页。

(3) 在 IE 浏览器中进行设置，让菜单栏始终显示在网页窗口中。

2．网页信息保存

(1) 保存网页中无法复制的信息，快速保存网页中的所有图片。

(2) 保存整个网页方便脱机浏览，保存超链接指向的目标网页。

3．收藏夹的使用

(1) 将淘宝网添加到收藏夹中，将收藏的网页分门别类地存放。

(2) 移动、重命名或删除收藏夹中的网页，导出收藏夹中保存的文件夹以备不时之需，当收藏夹损坏或丢失时导入备份的收藏夹。

4．IE 设置技巧

(1) 设置新浪网页为 IE 主页，同时设置多个门户网站为默认主页，查看网页时禁止弹出广告页面。

(2) 设置 Internet 临时文件的容量为 500 M，将历史记录保存天数设置为 25 天，为保障个人隐私开启跟踪保护设置，将某些网站设置为始终可以显示的站点。

拓展任务 2　　查找信息下载资源——百度搜索、迅雷下载

1．百度搜索应用

(1) 搜索关键词"北京大学"，并加英文双引号，使关键词不被拆分。搜索手机，尝试加书名号和不加的区别。将搜索范围限定在标题中，出国留学 intitle：美国。只在指定的站点天空软件网站中搜索 IE8(IE site.www.skycn.com)。

(2) 使用百度快照查看不能打开的网页，搜索 PNG 格式的汽车图片(尺寸为：800 像素 × 600 像素)，筛选出同一类颜色的图片。

(3) 在百度知道中提出问题，追加悬赏以尽快获取答案。

(4) 在百度文库中获取下载资料时所需要的积分，然后下载关于长城汽车公司的 Word 文档。

2．生活、交通信息搜索

(1) 查询北京未来 3 天的天气，查询手机号码归属地，以及查找河北各地区的邮政编码。

(2) 在赶集网上寻找租房信息，在 58 同城网上查看招聘信息，网上预约医院挂号。

(3) 查询北京到上海的火车车次，查询并预订北京到重庆的航班，查询北京 8 路公交车的行车线路，查询北京到青岛自驾行车路线，查询某个位置附近的银行和公交。

3．网上休闲娱乐

(1) 搜索免费观看《疯狂动物城》，截取精彩画面，并下载该电影。通过直播吧观看体育比赛。

(2) 进入酷我音乐网站，搜索试听某一首歌曲，然后下载该歌曲和歌词。通过只记住歌曲的某一句歌词来搜索歌曲名字。

(3) 在线听小说《盗墓笔记》，在线免费阅读小说《左耳》，在线听广播。

拓展任务 3　网络通信——玩转 QQ

1. 用 QQ 聊天、语音、视频

(1) 添加拥有摄像头的在线好友，邀请好友加入新建的"车友"圈子，设置要想通过验证必须正确回答问题，将不认识的好友彻底删除。

(2) 发送彩色炫彩字，截取图片发给好友。

(3) 邀请好友语音聊天，邀请好友加入语音讨论组。

(4) 向好友发起视频邀请，与好友分享精彩的视频，将文件传送给好友。

(5) 利用远程协助为 QQ 好友解决电脑故障。

2. QQ 使用中的优化设置技巧

(1) 将接收的文件保存到自己设置的文件夹中，更改传送文件的安全等级，将重要资料上传至 QQ 微云中。

(2) 个性签名设置，设置个性化的自动回复短句，在线时设置只对指定的好友隐身。

(3) 让 QQ 广告消失，拒绝与陌生人临时会话。

3. QQ 群的创建与使用

(1) 创建"车友"群，为群设置管理员，通过群公告发布群规，将文件上传到群共享中，将照片上传至群相册"2016 最新车型"。

(2) 屏蔽某位群成员的发言，将群中的"潜水员"请出群，在群中隐藏真实姓名，屏蔽群内图片，屏蔽群消息提示。

4. 装扮自己的 QQ 空间

设置 QQ 空间版式以达到美化效果，只允许指定好友访问自己的空间，回答问题后才能访问我的相册，并添加背景音乐。开通并发布腾讯微博。

5. QQ 帐户安全保护

(1) 通过软件盘安全输入密码，防止盗号，设置"密保问题"对 QQ 号码进行保护，通过密保问题或密保手机找回被盗 QQ。

(2) 为消息记录加密，退出 QQ 的同时删除聊天记录，将指定日期的消息记录上传到服务器，导出 QQ 消息记录。

(3) 设置离开时锁定 QQ，5 分钟后自动锁定 QQ。

拓展任务 4　网络舞台——时尚微博

1. 微博使用中的常用功能

(1) 注册新浪微博并登录，完善个人资料。

(2) 搜索年龄 23 岁~29 岁之间的粉丝，关注感兴趣的粉丝，将粉丝进行归类，添加到

新建的"好友"组中。

(3) 发布一条关于旅游的微博，有文字、表情和图片，将多张图片拼接后上传，插入微博话题#旅游推荐#。

(4) 创建"旅游"微相册，上传图片，并设置访问权限。

(5) 在线录制视频，上传自己收藏的视频与好友共享，分享并收藏好听的音乐。

(6) 在微博中发起话题并邀请好友参与投票，查看@我的微博，私信好友。

(7) 转发、评论、点赞"里约奥运会"的相关微博。

2. 微博设置

(1) 自定义微博页面的模板效果，设置可信帐户才能@到我。

(2) 屏蔽不信任的用户发布的微博，屏蔽微博主页中弹出的通知内容。

3. 微博桌面

(1) 下载并安装微博桌面，截取网页图片快速发布到微博。

(2) 与互粉好友聊天，快速切换无图阅读模式。

(3) 放大阅读文本的显示字体，设置新邮件到来时气泡提示。

附录 1　信息技术基础

　　信息，指音讯、消息、通信系统传输和处理的对象，泛指人类社会传播的一切内容。当今世界，人类已进入一个以信息化为标志的新经济时代，信息技术的发展极大地推动着经济增长乃至整个社会的进步。作为现代信息技术的核心，计算机被广泛应用在社会、生活、工作的各个领域。

⇨ **学习要点**

> ➢　能概述信息技术、多媒体信息处理、计算机病毒的有关概念。
> ➢　能说明计算机及其特点，以及多媒体的重要媒体元素。
> ➢　能列出计算机常用的进位计数制，以及各数制的书写规则和转换方法、常用字符编码和汉字编码。
> ➢　能够依据树形目录及管理的规定，正确为文件命名。

1.1　信息与信息技术

1.1.1　信息

　　自古以来，人们都在自觉或不自觉地接收、传递、存储和利用着信息。通俗地说："信息是人们对客观存在的一切事物的反映，是通过物质载体所发出的消息、情报、指令、数据、信号中所包含的一切可传递和交换的知识内容"。

1.1.2　信息技术

1. 信息技术定义

　　信息技术(Information Technology，IT)，是主要用于管理和处理信息所采用的各种技术的总称。它主要是应用计算机科学和通信技术来设计、开发、安装和实施信息系统及应用软件。信息技术也常被称为信息和通信技术(Information and Communications Technology，ICT)，主要包括传感技术、计算机与智能技术、通信技术和控制技术。

　　信息技术教育中的信息技术，可以从广义、中义、狭义三个层面来定义。

　　广义：信息技术是指能充分利用与扩展人类信息器官功能的各种方法、工具与技能的总和。

　　中义：信息技术是指对信息进行采集、传输、存储、加工、表达的各种技术之和。

　　狭义：信息技术是指利用计算机、网络、广播电视等各种硬件设备及软件工具与科学方法，对文图声像各种信息进行获取、加工、存储、传输与使用的技术之和。

2. 信息技术的发展

信息技术经历了三个发展时期。

(1) 以人工为主要特征的古代信息技术。如指南针、烽火台、号角、文字、语言、纸张、印刷术、算盘、信鸽等作为古代传载信息的手段，曾经发挥了重要的作用。

(2) 以电信为主要特征的近代信息技术。近代信息技术是在电信的基础上实现的，如电话、电报、传真、广播、电视等信息传播手段的出现，为信息的大众化传播提供了很好的途径。

(3) 以网络为主要特征的现代信息技术。网络的飞速发展标志着我们进入了信息化时代，同时享有了空前丰富的信息。

1.1.3　信息化

1. 信息化定义

信息化是指培养、发展以计算机为主的智能化工具为代表的新生产力，并使之造福于社会的历史过程。信息化的内涵包括以下 4 个方面：

(1) 信息网络体系：包括信息资源、各种信息系统、公用通信网络平台等。

(2) 信息产业基础：包括信息科学技术研究与开发、信息装备制造、信息咨询服务等。

(3) 社会运行环境：指现代工农业、管理体制、政策法律、规章制度、文化教育、道德观念等生产关系和上层建筑。

(4) 效用积累过程：包括劳动者素质、人民生活质量和国家现代化水平的不断提高，既精神文明和物质文明建设的持续发展。

2. 信息化社会

信息化社会是一个大规模生产和使用信息与知识的社会，信息化社会不仅包括社会的信息化，同时还包括工厂自动化、办公自动化和家庭自动化。

信息化社会的基本特征是：信息、知识、智力日益成为社会发展的决定力量；信息技术、信息产业、信息经济日益成为科技、经济、社会发展的主导因素；信息劳动者、脑力劳动者、知识分子的作用日益增大；信息网络成为社会发展的基础设施。

1.2　计 算 机 概 述

1.2.1　计算机的发展

1. 第一台电子计算机的诞生

世界上第一台电子计算机 ENIAC(Electronic Numerical Integrator And Calculator，电子数字积分机和计算机)于 1946 年 2 月在美国宾夕法尼亚大学诞生，这台计算机共有 18 000 多只电子管，1500 多只继电器，7000 多只电阻，耗电 150 千瓦，占地 170 平方米，重 30 吨，是一个庞大的机器。它的诞生标志着电子计算机时代的到来。

2．计算机的发展过程

70 多年来，随着电子元器件的发展而变化，计算机的性能得到了极大提高，体积大大缩小，功能逐渐增强，应用越来越普及。根据电子计算机所采用的电子器件的不同，把它的发展史分成 4 个阶段，通常称为计算机发展的"四代"，如附表 1-1 所示。

附表 1-1　计算机发展简史

代别	起止年份	硬件		软件	应用领域	代表产品
		逻辑元件	主存储器			
第一代	1946—1958 年	电子管	水银延迟线 磁鼓 磁芯	机器语言 汇编语言	科学计算	IBM700 系列
第二代	1959—1964 年	晶体管	普遍采用磁芯	高级语言、管理程序、监控程序、简单的操作系统	科学计算、数据处理、事务管理	IBM7000 系列
第三代	1965—1970 年	集成电路	磁芯 半导体	多种功能较强的操作系统、会话式语言	实现标准化系列，应用于各个领域	IBM System/360
第四代	1971 年至今	超大规模集成电路	半导体	可视化操作系统、数据库、多媒体、网络软件	广泛应用于所有领域	IBM3090 系列

3．我国计算机的发展

1956 年 6 月，我国制定了《1956—1967 年科学技术发展远景规划》，将"计算技术的建立"列为紧急措施之一。1958 年和 1959 年研制出 103 小型数字计算机和 104 大型通用数字计算机。这两台计算机标志着我国最早的电子数字计算机的诞生。

1983 年 12 月，我国第一个巨型机系统"银河"超高速电子计算机系统研制成功。1989 年，"银河Ⅱ"10 亿次巨型机研制成功，计算速度每秒钟 10 亿次，主频 50 MHz，其性能令世界瞩目。1997 年 6 月，"银河Ⅲ"型百亿次巨型计算机通过国家鉴定。1999 年，每秒运算次数达 1000 亿次的曙光 2000-Ⅱ诞生，标志着我国的大型计算机研发水平已步入国际先进行列。

2002 年，由我国科学家自主设计的高性能通用 CPU 芯片——"龙芯一号"研制成功，标志着我国拥有了 CPU 的核心技术，打破了国外对这个核心技术的垄断。

2004 年，曙光信息产业有限公司建造国内第一台运算速度超过每秒 10 万亿次的超级计算机曙光 4000A，从而开启我国计算机行业崭新的一页。

2008 年，"深腾 7000"系统首次实现了实际性能突破每秒百万亿次。

2010 年 11 月 15 日，"天河一号"在第 36 届全球超级计算机五百强排名中夺魁。升级后的"天河一号"实测运算速度可达每秒 2570 万亿次。

我国是世界上能自行设计制造巨型计算机的少数国家之一，我国能自行设计和制造嵌入式微处理器，并首先在家电生产中取得应用。

2013 年 6 月，由国防科大研制的"天河二号"超级计算机位列世界 TOP500 第一名，实现 6 连冠。

2016 年被称为"中国超算大满贯年"。中国的 TOP500 上榜数量首次超过美国，位列世界第一；联想生产的高性能计算机系统首次闯入世界前二强，位居美国 HPE 之后；"神威·太湖之光"超级计算机再次取得世界 TOP500 冠军位置，实现中国研制的国产超级计算机 8 连冠；中国高性能计算机首次获得戈登·贝尔奖。

1.2.2　计算机的特点

1．运算速度快

计算机的运算速度一般能达到数十万次至数千亿次每秒，它能完成过去人工无法完成的计算工作。

2．计算精度高

一般计算工具只有几位有效数字，而计算机的有效数字可以精确到十几位、几十位，甚至数百位，可以精确地进行数据计算和显示数据的计算结果。

3．具有"记忆"和逻辑判断能力

"记忆"指计算机能够存储大量信息供用户随时检索和查询；逻辑判断能力指计算机不仅可以进行算术运算，还可以进行逻辑推理和证明。计算机运算速度快，具有存储记忆能力、逻辑思维能力，故计算机又称为"电脑"。

4．能自动运行且支持人机交互

人们把需要计算机处理的问题编制成程序并存入计算机中，当发出运行指令后，计算机便在该程序的控制下自动、连续，且不需要人们干预地运行。但在有人工干预时，又可以及时响应，实现人机交互。

1.3　信息的表示及编码基础

1.3.1　计算机常用的进位计数制

1．进位计数制的概念

进位计数制是一种数的表示方法，它用一组固定的数字(或符号)和一套统一的规则来表示数。日常生活中使用的进位计数制很多，有二进制、八进制、十进制、十六进制等。

十进制是我们最熟悉的进位计数制，我们用它引出进位计数制的概念。

(1) 数码。十进制由 0～9 十个数字符号组成，这些数字符号称为"数码"。

(2) 基数。全部数码的个数称为"基数"，如十进制的基数为 10。

(3) 计数原则。十进制的计数原则为"逢十进一"。用"逢基数进位"的原则计数，称为进位计数制。

(4) 位权。数码所处的位置不同，代表的数值大小也不同。因为每位都有一个常数

10^i(i 与数符的位置有关)，这个常数称为该位的位权。位权的大小以基数为底。例如，十进制个位的位权是 10^0，十位的位权是 10^1，百位的位权是 10^2，以此类推。

例如：$526.7 = 5 \times 10^2 + 2 \times 10^1 + 6 \times 10^0 + 7 \times 10^{-1}$，式中，$10^2$、$10^1$、$10^0$、$10^{-1}$ 是不同位的位权。

常用进位制的基数和数码如附表 1-2 所示。

附表 1-2　常用计数制的基数和数码

数制	基数	数　码
二进制	2	0,1
八进制	8	0,1,2,3,4,5,6,7
十进制	10	0,1,2,3,4,5,6,7,8,9
十六进制	16	0,1,2,3,4,5,6,7,8,9,A,B,C,D,E,F

各种进位计数制可统一表示为

$$\sum_{i-n}^{m} K_i \times R^i$$

式中：R——某种进位计数制的基数；

　　　i——位序号；

　　　K_i——第 i 位上的一个数字符，$0 \sim R-1$ 中的任意一个；

　　　R^i——第 i 位上的权；

　　　m，n——最高位和最低位的位序。

按上式即可将任何一个二进制数、八进制数、十六进制数直接转换为十进制数，这种方法称为按权展开法。

2．计算机常用的计数制

计算机能够直接识别的只有二进制数，这就意味着它处理的数字、字符、图形、图像、声音等信息，都是以 1 和 0 组成的二进制数的某种编码。

由于二进制在表达一个数字时，位数太长，不易识别且书写麻烦。因此，在编写计算机程序时，经常将它们写成对应的十六进制数、八进制数或十进制数，而计算机工作时，在其内部要进行二进制与八进制、十进制、十六进制数的转换。

3．常用计数制的表示方法

常用计数制的表示方法如附表 1-3 所示。

附表 1-3　常用计数制的表示方法

十进制	0	1	2	3	4	5	6	7	8	9	10	11	12	13	14	15
二进制	0	1	10	11	100	101	110	111	1000	1001	1010	1011	1100	1101	1110	1111
八进制	0	1	2	3	4	5	6	7	10	11	12	13	14	15	16	17
十六进制	0	1	2	3	4	5	6	7	8	9	A	B	C	D	E	F

4．书写规则

为了区分各种计数制，常采用如下两种方法。

(1) 在数字后面加写相应的英文字母作为标识。

B：表示二进制数，二进制数的 101 可写成 101B。

O：表示八进制数，八进制数的 101 可写成 101O。

D：表示十进制数，十进制数的 101 可写成 101D。

H：表示十六进制数，十六进制数的 101 可写成 101H。

(2) 在括号外面加数字下标。

$(1011)_2$：表示二进制数 1011。

$(267)_8$：表示八进制数 267。

$(1296)_{10}$：表示十进制数 1296。

$(2A6F)_{16}$：表示十六进制数 2A6F。

一般约定十进制数的后缀或下标可以省略，即无后缀的数字为十进制数字。

5．各数制间的转换

(1) 二、八、十六进制数转换为十进制数。

对于二、八、十六进制数，先以按权展开法展开，然后按照逢十进位的算法求和，即可将其转换成十进制数。

例

$$(1011.01)_2 = 1 \times 2^3 + 0 \times 2^2 + 1 \times 2^1 + 1 \times 2^0 + 0 \times 2^{-1} + 1 \times 2^{-2}$$
$$= 8 + 0 + 2 + 1 + 0 + 0.25$$
$$= (11.25)_{10}$$
$$(632.5)_8 = 6 \times 8^2 + 3 \times 8^1 + 2 \times 8^0 + 5 \times 8^{-1}$$
$$= 384 + 24 + 2 + 0.625$$
$$= (410.625)_{10}$$
$$(C34)_{16} = C \times 16^2 + 3 \times 16^1 + 4 \times 16^0$$
$$= 12 \times 16^2 + 3 \times 16^1 + 4 \times 16^0$$
$$= 3072 + 48 + 4$$
$$= (3124)_{10}$$

(2) 十进制数转换成二、八、十六进制数。

方法：整数部分采用除 R 取余法，小数部分采用乘 R 取整法(R 代表二、八、十六进制数的基数)。

例 1 将 83.75 转换成二进制数。

所以，83.75 = (1010011.11)$_2$。

例2 将 123.75 转换成八进制数。

所以，123.75 = (173.6)$_8$。

例3 将 123.75 转换成十六进制数。

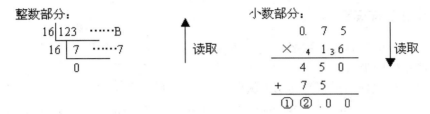

所以，123.75 = (7B.C)$_{16}$。

(3) 二、八进位制互换。

方法：以小数点为界，将一位八进制数转换成三位二进制数(或反之)，不足部分补零。

例1 将八进制 307 转换成二进制。

$$(407)_8 = (100\ 000\ 111)_2。$$

例2 将二进制 101110.10101 转换成八进制。

$$(101110.10101)_2 = (101\ 110.101\ 010)_2 = (56.52)_8$$

(4) 二、十六进位制互化。

方法：以小数点为界，将一位十六进制数转换成四位二进制数(或反之)，不足部分补零。

例1 将十六进制 F6 转换成二进制。

$$(F6)_{16} = (1111\ 0110)_2$$

例2 将二进制 1100100 转换成十六进制。

$$(1100100)_2 = (0110\ 0100)_2 = (64)_{16}$$

1.3.2 二进制数的常用单位

1. 位(bit)

位是计算机中数据的最小单位，即二进制数的一位，称为比特。二进制数序列中的一个 0 或 1 就是一个比特。

2. 字节(Byte)

人们将 8 位二进制数称为一个字节。字节是计算机中数据处理和存储容量的基本单位，如存放一个西文字母在存储器中占一个字节，存放一个汉字占两个字节。在书写时，常将字节英文单词 Byte 简写成 B，1 B = 8 bit。

常用的单位还有 KB(千字节)、MB(兆字节)、GB(吉字节)、TB(太字节)等，它们之间的关系是：

$$1\ KB = 2^{10}\ B = 1024\ B \qquad 1\ MB = 2^{20}\ B = 1024^2\ B$$
$$1\ GB = 2^{30}\ B = 1024^3\ B \qquad 1\ TB = 2^{40}\ B = 1024^4\ B$$

3．字(Word)与字长

字是整体参与运算和处理的一组二进制数。在计算机中用"字长"来表示数据或信息的长度。一个字由若干个字节组成，通常将组成一个字的二进制位数叫做该字的字长，如一个字由两个字节(即 16 位)组成，则该字字长为 16 位。目前计算机的字长有 8 位、16 位、32 位和 64 位，计算机的字长越长，其运算速度越快，计算精度越高。

1.3.3　常用字符编码

计算机处理的信息除了数字之外还有字母、符号等各种字符。计算机中的字符也必须采用二进制编码的形式。

目前计算机中使用最广泛的符号编码是 ASCII 码，即美国标准信息交换码(American Standard Code for Information Interchange)。ASCII 码是字符编码，有七位版本和八位版本。七位 ASCII 码也被称为标准 ASCII 码，其编码如附表 1-4 所示。

附表 1-4　7 位 ASCII 码编码表

$d_3d_2d_1d_0$ 位	$d_6d_5d_4$ 位							
	000	001	010	011	100	101	110	111
0000	NUL	DLE	SP	0	@	P	`	p
0001	SOH	DC1	!	1	A	Q	a	q
0010	STX	DC2	"	2	B	R	b	r
0011	ETX	DC3	#	3	C	S	c	s
0100	EOT	DC4	$	4	D	T	d	t
0101	ENQ	NAK	%	5	E	U	e	u
0110	ACK	SYN	&	6	F	V	f	v
0111	BEL	ETB	,	7	G	W	g	w
1000	BS	CAN	(	8	H	X	h	x
1001	HT	EM	)	9	I	Y	i	y
1010	LF	SUB	*	:	J	Z	j	z
1011	VT	ESC	+	;	K	[	k	{
1100	FF	FS	`	<	L	\	l	|
1101	CR	GS	-	=	M	]	m	}
1110	SO	RS	.	>	N	↑	n	~
1111	SI	US	/	?	O	↓	o	DEL

(1) 标准 ASCII 码的每个字符用 7 位二进制表示，其排列次序为 $d_6d_5d_4d_3d_2d_1d_0$，d_6 为高位，d_0 为低位。例如，字母 L 的 ASCII 码是 1001100；符号#的 ASCII 码是 0100011。

(2) 顺序排列顺序基本为控制符、各种符号、阿拉伯数字、大写英文字母、小写英文字母。ASCII 码包括 32 个通用控制字符、10 个十进制数码、52 个英文大小写字母和 34 个专用符号，共 128 个字符。

(3) 英文字母的编码满足正常的字母排序关系，且大、小写编码差别仅表现在 d_5 位的值为 0 或 1，即小写字母比相应的大写字母多 32。

1.3.4 汉字编码

用计算机处理汉字时，必须先将汉字代码化，即对汉字进行编码。

1. 汉字输入码

汉字输入码是为由计算机外部输入汉字而编制的汉字编码，又称汉字外部码或外码。编码方法主要分为数字编码、音码、形码(如五笔字型)和音形码等 4 类。

2. 国标码

国标码又称为汉字交换码，是以国家标准局公布的 GB2312—80《通用汉字字符集(基本集)及其交换码标准》作为标准的汉字编码。国标码中规定了信息交换用的 6763 个汉字和 682 个非汉字符号(图形符号)代码。其中，6763 个汉字按其使用频度、组词能力、用途大小分成一级常用汉字(3755 个)和二级常用汉字(3008 个)。

国标码规定每个汉字用两个字节表示，每个字节只用 7 位，最高位补 0。

3. 汉字机内码

汉字机内码是汉字在计算机内部存储、加工处理和传输使用的编码，简称内码，要求它与 ASCII 码兼容但又不能相同，以便实现汉字和西文的并存兼容。通常将国标码两个字节的最高位置"1"作为汉字的内码。

4. 汉字字形码

汉字字形码用于显示或打印时产生字形，所以又称为输出码。该编码通过点阵形式产生，所以汉字字形码就是确定一个汉字字形点阵的代码。例如：16×16 的字形点阵，每个汉字占用 32 个字节，24×24 的字形点阵，每个汉字需要 72 个字节。每个汉字对应的这一串字节，就是汉字的字形码。

1.4 信息存储基础

计算机存储了各种各样的信息，包括文字、图片、声音、视频等，这些信息统称为文件。为了对文件进行有效的管理，计算机操作系统提供了文件管理功能。

1.4.1 文件

1. 文件的定义

文件是一个具有符号名的一组相关信息的集合。一个程序、一篇文章、一个通知等都可以是文件的内容，它们都能以文件的形式存放在磁盘或光盘上。

计算机对外部资源都是以文件的形式进行管理的，文件一般分为磁盘文件(即通常意义上的文件，一般存放于外存储器上)和设备文件(即指系统的标准设备)。

2．文件的命名与通配符

(1) 文件的命名规则。文件名由主文件名和扩展名两部分组成，其格式可以表示为

　　<主文件名>[.扩展名]

文件主名和扩展名之间用"."隔开，扩展名部分可以省略。

(2) 通配符。通配符是一个键盘字符，在对文件进行查找和显示时，可以用它来代替多个或一个字符。

通配符说明：

"*"：在文件名中代表若干个不确定的字符。

"?"：在文件名中只代表一个不确定的字符。

如：*.DOC 表示扩展名为 DOC 的所有文件；F*.PRG 表示主文件名以 F 开头，扩展名为 PRG 的所有文件；M?.EXE 表示主文件名有两个字符，第一个字符为 M、扩展名为 EXE 的所有文件。

3．文件夹

文件夹是存放文件的区域，是组织文件的一种方式。用户可以根据文件类型将文件保存在某个文件夹中，也可以根据用途将文件保存在某个文件夹中。文件夹的命名规则和文件名相同。

1.4.2　文件系统的层次结构及其特点

1．文件系统的层次结构

一般操作系统都采用层次结构(树形目录)的文件系统来管理文件。

2．层次结构文件系统的特点

层次结构文件系统示意图如附图 1-1 所示。

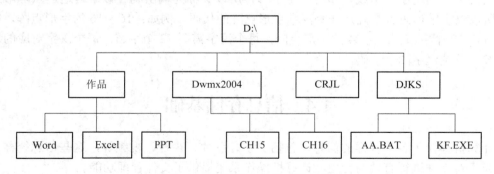

附图 1-1　层次结构文件系统示意图

层次结构有如下特点：

(1) 所有的磁盘文件都是按磁盘存放的。磁盘用磁盘名加"："来表示，如 F:。

(2) 每个磁盘都由唯一的根结点表示根文件夹(根目录)。根文件夹用反斜杠"\"表示。如 F 盘的根文件夹就表示成"F:\"，根文件夹是在磁盘格式化时自动建立的。

(3) 在根文件下可以直接存放文件。

(4) 根结点下可以有若干个子结点表示子文件夹。

(5) 每个子结点都可以作为父结点，再向下分出若干个子结点。

(6) 文件是层次结构文件系统的末端，文件之下就不再会有分支了。

层次结构文件系统也被称为树型结构系统。树根是根目录，多次分叉的树枝是各级子目录，树叶是文件。需要注意的是，不同文件夹下的文件或文件夹可以同名，但在同一个文件夹下的文件或文件夹是不可以同名的。

3．路径

在层次结构的文件系统中，文件不只是依靠文件名来区分的。在这种系统中，定位一个文件要依靠三个因素：文件存放的磁盘、存放的文件夹和文件名，即文件的路径。路径就是指找到指定文件所要走过的路。

路径的表示：由一系列用反斜杠符号隔开的文件夹名组成。例如：表示附图 1-1 中文件夹 PPT 的路径为"D:\作品\PPT"。

1.5 多媒体信息处理基础

1.5.1 媒体和多媒体的基本概念

1．媒体

媒体是表示和传播信息的载体。媒体在计算机领域中有两种含义：一是指用于存储信息的实体，如磁带、磁盘、光盘和半导体存储器等；二是指信息的载体，如数字、文字、声音、图形和图像等。

2．多媒体

"多媒体"(multimedia)，是指将文字、图像、声音、动画、视频等媒体和信息技术融合在一起而形成的传播媒体。多媒体是计算机领域中的感觉媒体。

1.5.2 多媒体的重要媒体元素

多媒体的媒体元素是指多媒体应用中可以展示给用户的媒体，目前主要包括文本、图形、图像、声音、动画和视频等。

1．文本

文本是多媒体中最基本也是应用最为普遍的一种媒体。文本指各种文字，包括各种字体、尺寸、格式及色彩的文字。

2．音频

音频除包括音乐、语音外，还包括各种音响效果。在多媒体中，音频是指数字化后的声音。存储声音信息的常用文件格式有 WAV、MID、CD-DA、MP3、VOC、APE 等。

3．视频

若干个有联系的图像数据连续播放便形成视频。视频图像是利用人眼的视觉暂留现象，将足够的画面(帧)连续播放。视频影像文件的格式在 PC 中主要有 AVI、MPG、ASF、RMVB、

MOV 等。

4．图形和静态图像

图形是指从点、线、面到三维空间的黑白或彩色几何图，也称矢量图。矢量图以几何图形居多，图形可以无限放大，不变色、不模糊，常用于图案、标志、VI、文字等设计。常用图形设计软件有 CorelDraw、Illustrator、Freehand、XARA、CAD 等。

静态图像不像图形那样有明显规律的线条，因此在计算机中只能用点阵来表示，其元素代表空间的一个点，称为像素。图像数字化后，可以用不同类型的文件保存在外部存储器中。最常用的图像类型有 BMP、JPG、GIF、TIF，此外，还有常用的 PCX、PCT、TGA、PSD 等许多格式。互联网上传输图像，最常用的图像存储格式是 PNG。图像的关键技术是图像的扫描、编辑、无失真压缩、快速解压和色彩一致性再现等。

5．动画

动画也是一种活动影像，最典型的是"卡通"片。它与视频图像不同的是：视频图像一般是指对生活上所发生事件的记录，而动画通常指人工创作出来的连续图形所组合成的动态影像。通过动画可以把抽象的内容形象化，使许多难以理解的教学内容变得生动有趣。动画有二维和三维之分，.MPG 和.AVI 也可以用于保存动画。

6．超文本

超文本也是一种文本文件，与普通文本文件不同的是，它在文本的适当位置处建有连接信息(称为"超链点")，用来指向和文本相关的内容。

与超链点相关的内容可以是普通的文本，也可以是图像、声音、图形、动画、视频等多媒体信息，还可以是相关资源的网站。

1.6　信息安全与病毒

当今世界，信息技术迅猛发展，Internet 技术已经广泛渗透到社会各个领域。然而，由 Internet 的发展而带来的网络系统安全问题正变得日益突出。

1．计算机病毒的概念

计算机病毒在《中华人民共和国计算机信息系统安全保护条例》中被明确定义为："指编制或者在计算机程序中插入的破坏计算机功能或者破坏数据，影响计算机使用，并且能够自我复制的一组计算机指令或者程序代码"。计算机病毒是一种特制的具有破坏性的程序。

2．计算机病毒的特征

(1) 传染性。计算机病毒通过各种渠道从已被感染的计算机扩散到其他计算机上，这是病毒的重要特征。是否具有传染性是判别一个程序是否为计算机病毒最重要的条件。

(2) 寄生性。病毒程序嵌入到宿主程序中，依赖于宿主程序的执行而生存，这就是计算机病毒的寄生性。宿主程序一旦执行，病毒程序就被激活，从而可以进行自我复制和繁衍。

(3) 隐蔽性。病毒具有很高的编程技巧，只需编制一个短小精悍的程序就能成为计算机病毒，通常附在正常程序中或磁盘较隐蔽的地方，很难被人察觉。

(4) 潜伏性。大部分的病毒感染系统后不会马上发作，平时在系统中会隐藏得很好，一旦当病毒触发条件满足便会发作，并开始进行破坏。

(5) 破坏性。任何病毒只要侵入系统，都会对系统及应用程序产生程度不同的影响，有的干扰计算机的正常工作，有的占用系统资源，有的则修改或删除文件及数据，有的破坏计算机硬件。

(6) 不可预见性。随着计算机病毒制作技术的不断提高，不同种类的病毒，它们的代码千变万化，使人防不胜防。病毒相对于反病毒软件永远是超前的。

3. 计算机病毒的传染途径

(1) 通过移动存储设备传染。如软盘、光盘、U 盘，大多数计算机病毒都是通过这类途径传染。

(2) 通过硬盘传染。若硬盘染上病毒，则该硬盘上的程序也都有染上病毒的可能，在该计算机上使用的软盘也有可能被传染。

(3) 通过网络传染。随着网络的日益普及，计算机网络已成为病毒传播的重要途径，计算机主要通过通信或数据共享时感染上病毒。本地计算机被感染病毒的途径很大可能就是通过上网发生的。

(4) 通过点对点通信系统和无线通道传播。

4. 常用杀毒软件

目前通过网络应用(如电子邮件、文件下载、网页浏览)进行传播已经成为计算机病毒传播的主要方式，因此，选择选择必要的杀毒软件就变得非常有必要。现在比较常用的杀毒软件有国内开发的瑞星杀毒软件、百度查杀和 360 杀毒软件以及国外开发的诺顿杀毒软件和卡巴斯基杀毒软件等。

附录 2　计算机系统基本知识

计算机系统由硬件系统和软件系统两大部分组成。硬件系统一般指电子部件和机电装置组成的计算机实体；软件系统一般指为计算机运行工作服务的全部技术资料和各种程序。

⇨ **学习要点**

➢ 能够说出冯·诺依曼理论，列出计算机系统组成。
➢ 能够说出计算机各硬件的名称和作用。
➢ 能够概述计算机软件系统的层次结构。
➢ 能够列出微型计算机的硬件结构及主要外部设备。
➢ 能够列举微型计算机常用的系统软件和应用软件。

2.1　计算机系统的基本组成

计算机系统组成如附图 2-1 所示。

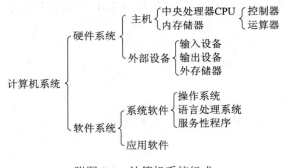

附图 2-1　计算机系统组成

2.1.1　计算机硬件系统

冯·诺依曼(Von Neumann)是美籍匈牙利科学家，1946 年 6 月，他提出了以"顺序存储程序"为核心的设计方案，该方案包括以下 3 个要点：

(1) 计算机应由 5 个基本部分组成：运算器、控制器、存储器、输入设备和输出设备。
(2) 采用二进制数的形式表示数据和指令。
(3) 程序和数据存放在存储器中。

其工作原理的核心是"程序存储"和"程序控制"。70 多年来，计算机硬件系统一直是沿袭着冯·诺依曼的结构框架。冯·诺依曼提出的计算机体系结构奠定了现代计算机的结构理论的基础。一个计算机的基本硬件结构如附图 2-2 所示。

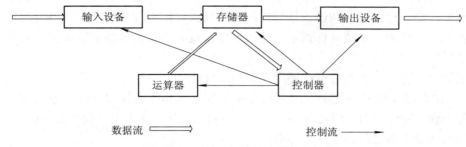

附图 2-2　计算机的基本硬件结构

1. 存储器

存储器是存放程序和数据的地方，并根据命令将程序和数据提供给有关部分使用。存储器又分为内存储器和外存储器两类。

(1) 内存储器。内存储器又称主存储器或内存，用来存储当前要执行的程序和数据，以及中间结果和最终结果。内存储器按功能的不同又分为随机存储器(RAM)和只读存储器(ROM)。两者的相同点是都在主机内、存储容量小、存取速度快，但价格较贵。

(2) 外存储器。外存储器简称外存，存放当前不参与运行的程序和数据。当需要时，要将所需程序或数据调入内存储器参与运行，其特点是容量大、存取速度慢、存储的信息能长期保留。常用的外存储器有软盘、硬盘、光盘、U 盘和移动硬盘等。

2. 控制器

控制器控制计算机各部件协调工作，是整个计算机的指挥中心。它的功能是从内存中获取指令和执行指令。

3. 运算器

运算器是"信息加工厂"，它负责对数据进行算术运算、逻辑运算以及其他处理。控制器和运算器合在一起称为中央处理器 CPU(Central Processing Unit)。

4. 输入设备

输入设备是计算机输入信息的设备，它是人机接口，负责将用户的程序、数据和命令输入到计算机的内存中。最常用的输入设备是键盘，常见的还有鼠标器、扫描仪和手写板等。

5. 输出设备

输出设备是输出计算机处理结果的设备，其主要作用是将计算机处理的数据、计算结果等内部信息按人们要求的形式输出。最常用的输出设备是显示器和打印机，常见的还有绘图仪等。

2.1.2　计算机软件系统

软件是提高计算机使用效率、扩大计算机功能的各类程序、数据和有关文档资料的总称。计算机软件一般分为系统软件和应用软件两大类。

1．系统软件

系统软件指管理、控制和维护计算机的各种资源，扩大计算机功能和方便用户使用计算机的各种程序集合。系统软件通常又分为操作系统、语言处理程序、数据库管理系统和支撑服务程序。

系统软件具有两个显著特点：通用性和基础性。

(1) 操作系统。操作系统由一系列具有控制和管理功能的模块组成，能够统一管理计算机和各种软、硬件资源，使其自动、协调、高效地工作，并为用户提供服务的一组程序。操作系统的功能主要包括以下几个方面：

进程管理：主要是对处理器进行管理，让 CPU 有条不紊地工作。

存储管理：主要是对内存进行管理，将有限的主存空间合理地分配，以满足多道程序运行的需要。

文件管理：指对软件和数据的管理，为用户创造一个方便、安全的信息(指程序和数据等)使用环境。

设备管理：指对各种外部设备的管理，方便用户使用输入/输出设备。

作业管理：用户提交给计算机处理的某项工作称为作业。作业管理的主要目的是对作业执行的全过程进行控制。

(2) 语言处理程序。计算机语言是专门用来为人和计算机之间进行信息交流而设计的一套语法、语义和代码系统。计算机语言又称程序设计语言，是人机交流信息的一种特定语言，通常分为机器语言、汇编语言和高级语言等 3 类。

(3) 数据库管理系统。数据库是按照一定的方式组织起来的数据的集合。数据库管理系统的作用是管理数据库。根据所用数据模型的不同，数据库管理系统分为层次型、网络型和关系型和面向对象型。

(4) 支撑服务程序。支撑服务程序主要包括机器的调试、故障监测和诊断，以及各种开发调试工具类软件等。

2．应用软件

应用软件是为了解决各种实际问题而编制的计算机程序，如文字处理软件、表格处理软件、计算机辅助设计软件和人事管理系统等。应用软件通常由计算机用户或专门的软件公司开发。

3．软件系统的层次关系

计算机软件系统中，各类软件之间形成层次关系，如附图 2-3 所示。所谓的层次关系指的是：内层的软件向外层软件提供服务，外层软件在内层软件支持下才能运行。

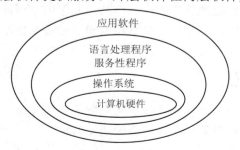

附图 2-3　软件系统的层次关系

在附图 2-3 中，系统软件支持应用软件的开发和运行，应用软件处在软件系统的最外层，直接面向用户，为用户服务。

2.2 微型计算机基础知识

2.2.1 微型计算机系统的基本组成

微型计算机系统与一般计算机系统一样，也由硬件系统和软件系统两部分组成，二者缺一不可。目前，微型计算机硬件系统遵循冯・诺依曼体系结构，使用的主要逻辑部件是大规模和超大规模集成电路。

微型计算机的基本构成有两个特点，一是采用微处理器，二是采用总线系统将 CPU、主存储器和输入/输出接口电路连接起来。根据这两个特点，可以将其微型计算机的基本结构具体化由微处理器、内存储器、接口电路、I/O 设备和总线系统几部分，如附图 2-4 所示。

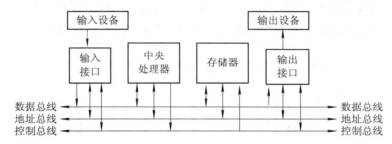

附图 2-4 微型计算机的基本结构

2.2.2 微型计算机系统的硬件系统

微型计算机的硬件系统如附图 2-5 所示。

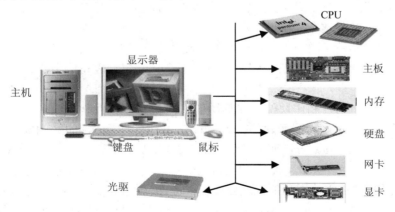

附图 2-5 微型计算机硬件系统

中央处理器：CPU。
内存储器：随机存储器 RAM、只读存储器 ROM。

外存储器：软盘、硬盘、光盘、U 盘和 USB 移动硬盘。

主机板：系统总线、输入/输出接口(I/O)。

输入设备：键盘、鼠标和扫描仪等。

输出设备：显示器、打印机和绘图仪等。

通信配件：网络适配器(网卡)、传真/调制解调器(Modem)和 ADSL 调制解调器(宽带 Modem)。

多媒体配件：声频适配器(声卡)、显示适配器(显卡)、MPEG 解压卡、视频采集卡、显示器、音箱、耳机和麦克风。

2.2.3　微型计算机系统的软件系统

微型计算机系统的软件也分为两大类，即系统软件和应用软件。

1. 微型计算机常用系统软件

(1) 常用操作系统。操作系统是最基本、最重要的系统软件。它负责管理计算机系统的各种硬件资源(如 CPU、内存、磁盘和外部设备等)，并且负责解释用户对机器的管理命令，使它转换为机器实际的操作。目前，最常用的微机操作系统有 Windows、Unix、Linux、Mac OS (苹果 Mac 系列)。

(2) 微型计算机常用的语言。目前微型计算机上常用的高级语言有 C、Java、C#、PHP、Python、JavaScript 等。

(3) 数据库管理系统。数据库管理系统是组织、管理和处理数据库中数据的计算机软件系统。目前，常用的中小型数据库有 MySQL、Access 等，大型数据库有 Oracle、Sybase、SQL Server 等。

2. 微型计算机常用应用软件

(1) 办公自动化软件。文字处理软件主要用于对文件进行编辑、排版、存储和打印。

① Office：在字处理软件中，最流行的是 Microsoft Office，在经历了多个版本后，其功能也在不断增强。Office 不仅可以进行字处理，而且可以处理表格、图形、数学公式，甚至可以处理声音和图像等。

② WPS：WPS 是我国金山公司研制的自动化办公软件，是使用广泛的文字处理软件，它具有文字处理、多媒体演示、电子邮件发送、公式编辑、表格应用、样式管理和语音控制等多种功能。

(2) 图形图像和动画制作软件。图形图像、动画制作软件是制作多媒体素材不可缺少的工具。目前，常用的图形图像软件有 Adobe 公司发布的 Photoshop、Illustrator、Freehand 和 Corel 公司的 CorelDraw 等；动画制作软件有 3D MAX，Softimage 3D、Maya 和 Flash 等。

(3) 辅助设计软件。Auto CAD 是目前国内外广泛使用的计算机辅助绘图和设计软件。Auto CAD 从最初的二维绘图功能发展到现在，已是一个集三维设计、渲染及通用数据库管理功能为一体的计算机辅助设计软件。它与 3D MAX、Photoshop 等软件相配合，还可以做出效果真实的动画效果图。如今，Auto CAD 已经在机械、建筑、电子、地质、轻工等领域中获得了广泛的应用。

(4) 网页制作软件。目前微机上流行的网页制作软件有 Sharepoint 和 Dreamweaver。

　　① Sharepoint：是 Microsoft 公司推出的网页开发工具。它是一个强大网页制作软件，可以进行协同办公、博客制作等。

　　② Dreamweaver：是 Adobe 公司推出的一个专业的编辑与维护 Web 网页的工具。用户在编辑上可以选择可视化方式或者自己喜欢的源码编辑方式，是一个针对专业网页开发者的可视化网页设计工具。

　　(5) 常用的工具软件。微机中常用的工具软件很多，主要包括以下几种。

　　① 压缩/解压缩文件：WinZip 和 WinRAR。

　　② 文件下载：传统下载工具有迅雷和 BT 下载。

　　③ 杀毒软件：360 安全卫士、金山毒霸、瑞星杀毒软件和诺顿杀毒软件等。

　　④ 翻译软件：金山词霸、金山快译等。

　　⑤ 影音播放：MP3 播放器 Winamp、暴风影音、RealOne Player 等。

　　⑥ 图像浏览与处理：看图工具 ACDSee、3D 制作工具 COOL 3D、截图工具 HyperSnap-DX 等。

　　⑦ 多媒体处理：音频格式转换能手 Musicmatch Jukebox、视频转换大师 WinMPG Video Convert、数码大师等。

附录3　计算机网络基础知识

计算机网络是计算机技术与通信技术结合的产物，是信息交换、资源共享和分布式应用的重要手段，是信息社会最重要的基础设施。网络化程度已成为衡量一个国家现代化水平的重要标志。

⇨ **学习要点**

➢　能够说出计算机网络基本知识和 Internet 的初步知识。
➢　能够概述计算机网络的概念、组成及功能和网络的体系结构。
➢　能够概述局域网的基本技术及因特网的基本技术、TCP/IP 协议及 IP 地址的规定方法等知识。

3.1　计算机网络的基本概念

Internet 最早起源于美国国防部高级研究计划署 DARPA(Defence Advanced Research Projects Agency)的前身 ARPAnet，该网于 1969 年投入使用。由此，ARPAnet 成为现代计算机网络诞生的标志。最初，ARPAnet 主要用于军事研究目的，它主要基于这样的指导思想：网络必须经受得住故障的考验而维持正常的工作，一旦发生战争，当网络的某一部分因遭受攻击而失去工作能力时，网络的其他部分应能维持正常的通信工作。

3.1.1　计算机网络的定义

计算机网络就是利用通信线路将分散布置的多台独立计算机及专用外部设备互联，并配以相应的网络软件所构成的系统。

3.1.2　计算机网络的分类

计算机网络的分类方法很多，可以从不同的角度对其分类。

1. 按网络的覆盖范围分类

按照联网的计算机之间的距离和网络覆盖面的不同，一般分为以下几种。

(1) 局域网 LAN(Local Area Network)。局域网也叫局部网，其覆盖范围有限，一般不超过 10 km，属于一个部门或单位组建的小范围网络，通常在一个学校、机关、建筑物内使用。

(2) 城域网 MAN(Metropolitan Area Network)。城域网是以城市为依托的网络，是介于广域网与局域网之间的一种高速网络。其设计目的是满足几十千米范围内的大量企业、机关、公司的多个单位局域互联要求，以实现大量用户之间的数据、语音、图形与视频等多种信息的传输。

(3) 广域网 WAN(Wide Area Network)。广域网也称为远程网，所覆盖的地理范围从几十千米到几万千米。它可以覆盖一个国家、地区，甚至横跨几个洲，形成国际性的远程网络，能实现较大范围的资源共享和传递。目前，世界上最大的广域网是因特网。

2. 按网络的拓扑结构分类

计算机网络的拓扑结构，是指网络中的通信线路和节点间的几何排列，一般用拓扑结构表示网络的整体结构外貌，主要有以下几类。

(1) 星型拓扑结构。星型拓扑结构如附图 3-1 所示。各节点通过点到点的链路与中心站相连。其特点是很容易在网络中增加新的节点，数据的安全性和优先级容易控制，易实现网络监控，但中心节点的故障会引起整个网络瘫痪。

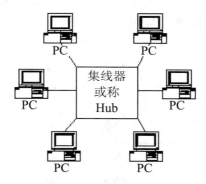

附图 3-1　星型拓扑结构

(2) 环型拓扑结构。环型拓扑结构如附图 3-2 所示。各节点通过通信介质连成一个封闭的环形。环型网容易安装和监控，但容量有限，网络建成后，难以增加新的节点。

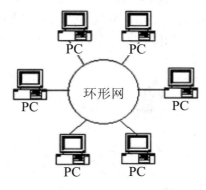

附图 3-2　环型拓扑结构

(3) 总线型拓扑结构。总线型拓扑结构如附图 3-3 所示。网络中所有的节点共享一条数据通道。总线型网络安装简单方便，需要铺设的电缆最短，成本低，某个节点的故障一般不会影响整个网络，但数据通道的故障会导致网络瘫痪，安全性低，监控比较困难，增加新节点也不如星型网容易。

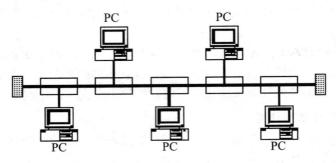

附图 3-3　总线型拓扑结构

(4) 树型拓扑结构。树型拓扑结构如附图 3-4 所示。这种网络拓扑结构中，有一个带分支的根，每个分支还可以延伸出子分支，通常采用同轴电缆作为传输介质，而且使用宽带传输技术。树型网络拓扑易于拓展，易于分支节点的故障隔离，但对根节点的依赖性大，如果根节点发生故障，整个网络便不能正常工作。

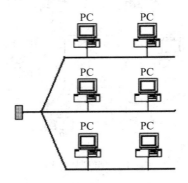

附图 3-4　树型拓扑结构

(5) 网状拓扑结构。网状拓扑结构如附图 3-5 所示，其每一个节点都与其他节点直接互联。这种连接方法主要是利用冗余的连接，实现节点与节点之间的高速传输和高容错性能，以提高网络的性能和可靠性。这种拓扑结构主要用在网络结构复杂、对可靠性和传输速率要求较高的大型网络中。

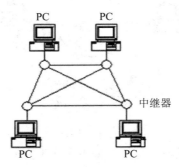

附图 3-5　网状拓扑结构

3.2　网络的协议与体系结构

3.2.1　网络系统的协议

在计算机网络中，为使各计算机之间或计算机与终端之间能正确地传递信息，必须在有关信息传输顺序、信息格式和信息内容等方面有一组约定或规则，这组约定或规则即所谓的网络协议。网络协议主要由以下三个要素组成：

语义：即需要发出何种控制信息，完成何种动作以及做出何种响应。

语法：即数据与控制信息的结构或格式。

同步：即事件实现顺序的详细说明。

综上所述，网络协议实质上是实体间通信时所使用的一种语言。在层次结构中，每一层都可能有若干个协议，是计算机网络不可缺少的部分。

3.2.2　网络系统结构参考模型 OSI

1．开放系统互连参考模型的制定

国际标准化组织信息处理系统技术委员会(ISO TC97)于 1978 年为开放系统互连建立了分委员会 SC16，并于 1980 年 12 月发表了第一个开放系统互连参考模型(OSI/RM：Open Syterms Interconnection/Reference Model)的建议书，1983 年被正式批准为国际标准，即著名的 ISO 7498 国际标准。通常人们也将它称为 OSI 参考模型，并记为 OSI/RM，有时简称为 OSI。我国相应的国家标准是 GB 9398。

2．开放系统互连参考模型的七层体系结构

OSI 参考模型的体系结构如附图 3-6 所示，由低层至高层分别称为物理层、数据链路层、网络层、运输层、会话层、表示层和应用层。

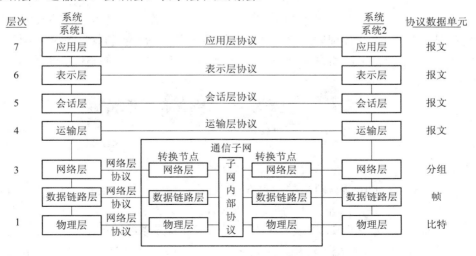

附图 3-6　OSI 网络系统结构参考模型及协议

3.3 局域网的基本技术

3.3.1 局域网的特点和组成

1. 局域网的特点

局域网的主要特点是：高数据速率、短距离和低误码率。

2. 局域网的组成

局域网由网络硬件和网络软件两部分组成。网络硬件用于实现局域网的物理连接，为连接在局域网上的计算机之间的通信提供一条物理信道，此外还用于实现局域网间的资源共享。网络软件主要用于控制并具体实现信息的传送和网络资源的分配与共享。这两部分互相依赖、共同完成局域网的通信功能。附图 3-7 所示为一种比较常见的局域网。

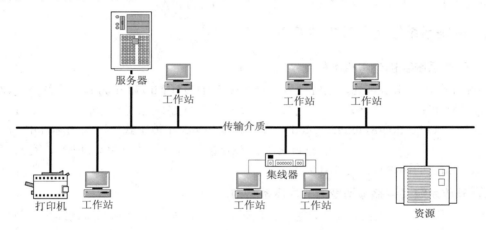

附图 3-7 一种常见的局域网

(1) 网络硬件。网络硬件应包括网络服务器、网络工作站、网卡、网络设备、传输介质及介质连接部件，以及各种适配器。其中，网络设备是指计算机接入网络及网络与网络之间互连时所必须的设备，如集线器(Hub)、中继器、交换机等，如附图 3-8 所示。

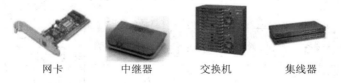

网卡 　 中继器 　 交换机 　 集线器

附图 3-8 网络连接部件

① 网卡：网卡是工作站与网络的接口部件。它除了作为工作站连接入网的物理接口外，还控制数据帧的发送和接收(相当于物理层和数据链路层功能)。

② 集线器：集线器又叫 Hub，是多口中继器，能够将多条线路的端点集中连接在一起。

③ 网桥：网桥(Bridge)是一种在数据链路层实现连接 LAN 的存储转发设备，它独立于高层协议。网桥可分为本地网桥和远程网桥两类，本地网桥又分为内部网桥和外部网桥。

④ 路由器：路由器工作在 OSI/RM 网络协议参考模型的网络层。它要求网络层以上的高层协议相同或兼容，用来实现不同类型的局域网互联，或者用它来实现局域网与广域网互联。

⑤ 交换机：交换机工作在 OSI/RM 网络协议参考模型的数据链路层和网络层。交换机采用交换方式进行工作，能够将多条线路的端点集中连接在一起，并支持端口工作站之间的多个并发连接，实现多个工作站之间数据的并发传输，可以增加局域网带宽，改善局域网的性能和服务质量。

⑥ 传输介质：局域网常用的传输介质有同轴电缆、双绞线、光纤与无线通信信道。早期应用最多的是同轴电缆，但随着技术的发展，双绞线与光纤的应用发展十分迅速。

(2) 网络软件。网络软件包括网络系统软件和网络应用软件。网络系统软件是控制和管理网络运行、提供网络通信和网络资源分配与共享功能的网络软件，为用户提供访问和操作网络的友好界面。网络系统软件主要包括网络操作系统、网络协议和网络通信软件等。网络应用软件是为某一应用目的而开发的网络软件，它为用户提供一些实际应用。

3.3.2　局域网的常用技术

1. 交换局域网

典型的交换局域网是交换以太网(Switched Ethernet)，它的核心部件是以太网交换机。以太网交换机可以有多个端口，每个端口可以单独与一个结点连接，也可以与一个共享介质式的以太网集线器连接。交换以太网是指以数据链路层的帧为数据交换单位，以以太网交换机为基础构成的网络，其结构示意图如附图 3-9 所示。

交换局域网的特点如下：
(1) 允许多站点同时通信，每个站点可以独占传输通道和带宽。
(2) 灵活的接口速率。
(3) 增强了网络可扩充性和延展性。
(4) 易于管理、便于调整网络负载的分布，有效地利用网络带宽。
(5) 交换以太网与以太网、快速以太网完全兼容，它们能够实现无缝连接。
(6) 可互连不同标准的局域网。

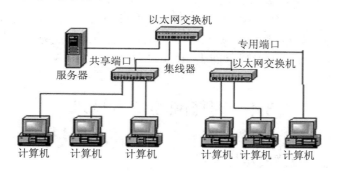

附图 3-9　交换以太网的结构示意图

2. 异步传输模式

异步传输模式(ATM, Asynchronous Transfer Mode)技术是当今网络界的热门话题，它采用信元交换技术，且信元长度固定在 53 个字节，故交换可用硬件实现，速度可达数百

Gb/s，可提供较高的款待和复杂的服务质量控制。该技术的主要特点有：

(1) 独占带宽，且交换速度极快，可处理多媒体信息。

(2) 价格相对较高，但下降较快。

(3) ATM 标准化问题已取得重大进展。

(4) 非单一 ATM 网对维护、升级及应用技术要求较高。

(5) 在局域网中，ATM 技术相对于千兆快速以太网来说优势不太明显。

3．光纤分布式数据接口

光纤分布式数据接口(FDDI，Fiber Distributed Data Interface)是在令牌环网的基础上发展起来的，它是一个技术规范，描述了一个以光纤为介质的高速(100 Mb/s)令牌环网。FDDI 为各种网络提供高速连接。

FDDI 是使用双环结构的令牌传递系统，其网络信息流量由类似的两条流组成，两条流以相反的方向绕着两个互逆环流动，如附图 3-10 所示。其中，一个环叫主环(Primary Ring)，逆时钟传送数据，另一个环叫从环(Secondary Ring)，顺时钟传送数据。

通常情况下，网络数据信息只在主环上流动，如果主环发生故障，FDDI 自动重新配置网络，信息可以沿反方向流到从环上去。

双环拓扑结构的优点之一是冗余，一个环用于信息传送，另一个环用于备份。如果出现问题，其中主环断路，从环替代。若两者同时在一点断路，例如起火或电缆管道故障，两个环可连成单一的环，如附图 3-11 所示，此时信息流动长度为原来的两倍。

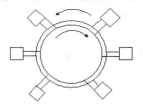　　　　　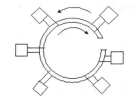

附图 3-10　FDDI 双环结构　　　　　附图 3-11　故障时双环连成单环

4．千兆以太网的体系结构

1998 年 2 月，IEEE 802 委员会正式批准了千兆以太网标准 IEEE 802.3。千兆以太网的传输速率比快速以太网快 10 倍，数据传输率达到 1000 Mb/s。千兆以太网保留着传统 10 Mb/s 速率以太网的所有特征(相同的数据帧格式、相同的介质访问控制方式、相同的组网方法)，只是将传统以太网每个比特的发送时间由 100 ns 降低到 1 ns。

3.4　因特网的基本技术

3.4.1　Internet 定义及逻辑结构

1．Internet 的定义

对于 Internet，1995 年美国联邦网络理事会给出如下定义：

(1) Internet 是一个全球性的信息系统；

(2) 是基于 Internet 协议及其补充部分的全球唯一一个由地址空间逻辑连接而成的系统；

(3) 它通过使用 TCP/IP 协议组及其补充部分或其他 IP 兼容协议支持通信；

(4) 公开或非公开地提供使用或＋访问存在于通信和相关基础结构的高级别服务。

简言之，Internet 是指主要通过 TCP/IP 协议将世界各地网络连接起来，实现资源共享、提供各种应用服务的全球性计算机网络，国内一般称为因特网或国际互联网。

2．Internet 逻辑结构

Internet 使用路由器将分布在世界各地数以千计的规模不一的计算机网络互连起来，成为一个超大型国际网，网络之间通信采用 TCP/IP 协议，屏蔽了物理网络连接的细节，使用户感觉使用的是一个单一网络，可以没有区别地访问 Internet 上的任何主机。Internet 的逻辑结构如附图 3-12 所示。

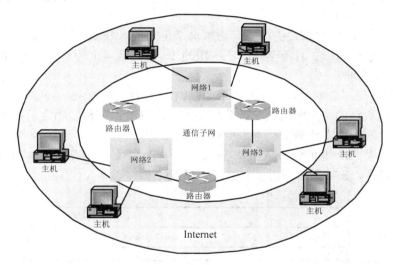

附图 3-12　Internet 的逻辑结构

3.4.2　分组交换原理

在计算机网络中，系统中的计算机往往是通过共享的方式来共同使用底层的硬件设备，比如通信线路等。这种方式可以只用少量的线路和交换设备，共享传输线路，从而降低成本，然而共享也带来弊端，当一台计算机长时间占用共享设备时，就会产生延迟，正如堵车一样，很多车辆挤在同一路口，只能允许几辆车先通过，而别的车必须排队等候，当网络流量较大时，排在前面的可以享用设备，而其他的只能等待。

解决上述弊端的方法是将信息分解成数据包(分组)，每台机器每次只能传送一定数量的数据包，这称为轮流共享。将数据总量进行分割，采用轮流服务的方法称为分组交换，而计算机网络中用这种方式来共享网络资源的技术就称为分组交换技术。分组交换允许任何一台计算机在任何时候都能发送数据，所有计算机按照轮流共享的原则，公平地使用网络。实际上，Internet 上的信息传递，就是同一时刻来自各个方向的多台计算机的分组信息的流动过程。

3.4.3 TCP/IP 协议

TCP/IP 协议最早由斯坦福大学的两名研究人员于 1973 年提出，随后从 1977 年到 1979 年间推出 TCP/IP 体系结构和协议规范，它的跨平台性使其逐步成为 Internet 的标准协议。通过 TCP/IP 协议，不同操作系统、不同架构的多种物理网络之间均可以通信。

TCP/IP 协议套件实际是一个协议簇，包括 TCP 协议、IP 协议以及其他一些协议。每种协议采用不同的格式和方式传送数据，它们都是 Internet 的基础。一个协议套件是相互补充、相互配合的多个协议的集合，其中 TCP 协议用于在程序间传送数据，IP 协议则用于在主机之间传送数据。

3.4.4 IP 地址

1. IP 地址

IP 地址是按照 IP 协议规定的格式，为每一个正式接入 Internet 的主机所分配的、供全世界标识的唯一通信地址。目前全球广泛应用的 IP 协议是 4.0 版本，记为 IPv4，因而 IP 地址又称为 IPv4 地址。

IP 地址用 32 位二进制编址，分为 4 个 8 位组，由网络号和主机号两部分构成。网络号确定了该台主机所在的物理网络，它的分配必须全球统一；主机号确定了在某一物理网络上的一台主机，它可由本地分配，不需全球一致。

根据网络规模，IP 地址分为 A 到 E 五类，其中 A、B、C 类称为基本类，用于主机地址，D 类用于组播，E 类保留不用，如附图 3-13 所示。

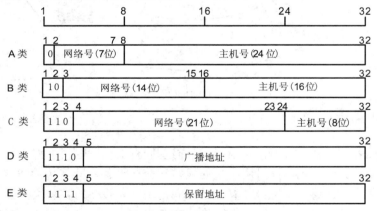

附图 3-13　IP 地址编址方案

(1) A 类地址。A 类地址在 IP 地址的四段号码中，第一段号码为网络号码，剩下的三段号码为本地计算机的号码。如果用二进制表示 IP 地址的话，A 类 IP 地址就由 1 字节的网络地址和 3 字节主机地址组成，网络地址的最高位必须是 "0"。A 类 IP 地址中网络标识长度为 7 位，主机标识长度为 24 位，A 类网络地址数量较少，一般分配给少数规模达 1700 万台主机的大型网络。

(2) B 类地址。B 类地址在 IP 地址的四段号码中，前两段号码为网络号码，后两段号码为本地计算机号码。B 类 IP 地址就由 2 字节的网络地址和 2 字节主机地址组成，网络地址的最高位必须是"10"。如果用二进制表示 IP 地址的话，B 类 IP 地址中网络标识长度为 14 位，主机标识长度为 16 位，适用于中等规模的网络，每个网络所能容纳的计算机数为 6 万多台。

（3）C 类地址。C 类地址在 IP 地址的四段号码中，前三段号码为网络号码，剩下的一段号码为本地计算机的号码。如果用二进制表示 IP 地址的话，C 类 IP 地址就由 3 字节的网络地址和 1 字节主机地址组成，网络地址的最高位必须是"110"。C 类 IP 地址中网络的标识长度为 21 位，主机标识的长度为 8 位，因此 C 类网络地址数量较多，适用于小规模的局域网络，每个网络能够有效使用的最多计算机数只有 254 台。例如某大学现有 64 个 C 类地址，则可包含有效使用的计算机总数为 $254 \times 64 = 16\ 256$ 台。

三类 IP 地址空间分布为：A 类网络共有 126 个，B 类网络共有 16 000 个，C 类网络共有 200 万个。

2．IP 地址表示方式

IP 地址是 32 位二进制数，不便于用户输入、读数和记忆，为此用点分十进制数来表示，其中每 8 位一组用十进制表示，并利用点号分割各部分，每组值的范围为 0～255，因此用此种方法表示 IP 地址的范围为 0.0.0.0～255.255.255.255。据上述规则，IP 地址可按表 3-1 表示。

表 3-1　IP 地址范围及说明

地址类	网络标识范围	特殊 IP 说明
A	0～127	0.0.0.0 保留，作为本机 0.x.x.x 保留，指定本网中的某个主机 10.x.x.x，供私人使用的保留地址 127.x.x.x 保留用于回送，在本地机器上进行测试和实现进程间通信。发送到 127 的分组永远不会出现在任何网络上
B	128～191	172.16.x.x～172.31.x.x，供私人使用的保留地址
C	192～223	192.168.0.x～192.168.255.x，供私人使用的保留地址，常用于局域网中
D	224～239	用于广播传送至多个目的地址用
E	240～255	保留地址 255.255.255.255 用于对本地网上的所有主机进行广播，地址类型为有限广播

注：① 主机号全为 0，用于标识一个网络的地址，如 106.0.0.0 指明网络号为 106 的一个 A 类网络。
　　② 主机号全为 1，用于在特定网上广播，地址类型为直接广播，如 106.1.1.1 用于在 106 段的网络上向所有主机广播。

3.4.5　域名系统

网络上主机通信必须指定双方机器的 IP 地址。IP 地址虽然能够唯一地标识网络上的计算机，但它是数字型的，对使用网络的人来说有不便记忆的缺点，因而提出了字符型的名字标识，将二进制的 IP 地址转换成字符型地址，即域名地址，简称域名(Domain Name)。计算机的 IP 地址与主机的域名是一一对应的关系。

网络中命名资源(如客户机、服务器、路由器等)的管理集合即构成域(Domain)。从逻辑上，所有域自上而下形成一个森林状结构，每个域都可包含多个主机和多个子域，树叶域通常对应于一台主机。每个域或子域都有其固有的域名。Internet 所采用的这种基于域的层次结构名字管理机制叫做域名系统(DNS，Domain Name System)。它一方面规定了域名语法以及域名管理特权的分派规则，另一方面，描述了关于域名—地址映射的具体实现。

1. 域名规则

域名系统将整个 Internet 视为一个由不同层次的域组成的集合体，即域名空间，并且设定域名采用层次型命名法，通常从左到右，从小范围到大范围，表示主机所属的层次关系。不过，域名反映出的这种逻辑结构和其物理结构没有任何关系，即一台主机的完整域名和物理位置并没有直接的联系。

域名由字母、数字和连字符组成，开头和结尾必须是字母或数字，最长不超过 63 个字符，而且不区分大小写。完整的域名总长度不超过 255 个字符。在实际使用中，每个域名的长度一般小于 8 个字符，通常其格式如下：

主机名．机构名．网络名．顶层域名

例如：yjscxy.csu.edu.cn 就是中南大学一台计算机的域名地址。

顶层域名又称最高域名，分为两类：一类通常由 3 个字母构成，一般为机构名，是国际顶级域名，如附表 3-2 所示；另一类由两个字母组成，一般为国家或地区的地理名称。

附表 3-2　国际顶级域名——机构名称

域名	含义	域名	含义
com	商业机构	Net	网络组织
edu	教育机构	Int	国际机构(主要指北约)
gov	政府部门	Org	其他非盈利组织
mil	军事机构		

随着 Internet 用户的激增，域名资源越发紧张，为了缓解这种状况，加强域名管理，Internet 国际特别委员会在原来基础上增加以下国际通用顶级域名，如附表 3-3 所示。

附表 3-3　国际通用顶级域名

域名	含义	域名	含义
.firm	公司、企业	.aero	用于航天工业
.store	商店、销售公司和企业	.coop	用于企业组织
.web	突出 WWW 活动的单位	.museum	用于博物馆
.art	突出文化、娱乐活动的单位	.biz	用于企业
.rec	突出消遣、娱乐活动的单位	.name	用于个人
.info	提供信息服务的单位	.pro	用于专业人士
.nom	个人		

2．中国的域名结构

中国的最高域名为 cn，二级域名分为用户类型域名和省、市、自治区域名两类。

用户类型域名：此类型为国际顶级域名后加 ".cn"，如 com.cn 表示工、商、金融等企业，edu.cn 表示教育机构，gov.cn 表示政府机构等。

省、市、自治区域名：这类域名共 34 个，适用于我国各省、自治区、直辖市，如 bj.cn 代表北京市，sh.cn 代表上海市，hn.cn 代表湖南省等。

3．IP 地址与域名

IP 地址和域名相对应，域名是 IP 地址的字符表示，它与 IP 地址等效。当用户使用 IP 地址时，负责管理的计算机可直接与对应的主机联系，而使用域名时，则先将域名送往域名服务器，通过服务器上的域名和 IP 地址对照表翻译成相应的 IP 地址，传回负责管理的计算机后，再通过该 IP 地址与主机联系。

Internet 中一台计算机可以有多个用于不同目的的域名，但只能有一个 IP 地址(不含内网 IP 地址)。一台主机从一个地方移到另一个地方，当它属于不同的网络时，其 IP 地址必须更换，但是可以保留原来的域名。

参 考 文 献

[1]　辛惠娟，曹会云. 信息技术基础＋Office2010 项目化教程[M]. 上海：上海交通大学出版社，2016

[2]　顾爱华，辛惠娟. 信息技术项目化教程[M]. 山东：中国海洋大学出版社，2012

[3]　龙敏，蒲先祥. 计算机应用基础[M]. 上海：上海交通大学出版社，2015

[4]　李刚. 计算机应用基础[M]. 北京：中国人民大学出版社，2014